普通高等院校"十四五"系列教材

Python
程序设计基础教程
（第 2 版）

吉根林　王必友◎主　编
杨　俊　陈　燚　杨琬琪　沈玲玲◎副主编

中国铁道出版社有限公司

2023年·北京

内 容 简 介

本书共10章，主要介绍Python程序设计的基本概念、基础知识、基本方法以及Python程序的应用开发。首先介绍Python的安装和开发环境；随后介绍Python的数据类型和基本运算，包括字符串、列表、元组、字典、集合等；然后讲述程序控制结构，包括顺序结构、分支结构和循环结构；接着介绍了函数及其应用；此后探讨Python的类和对象，以及文件操作，讲解Python程序的异常处理与程序调试方法；最后介绍Python在科学计算、可视化以及人工智能方面的应用，从而发挥Python的强大功能。

全书体系完整，条理清晰，内容由浅入深，实例丰富，提供PPT课件，适合作为高等学校Python程序设计课程的教材，也可作为Python程序开发人员的参考书。

图书在版编目（CIP）数据

Python程序设计基础教程/吉根林，王必友主编．—2版．— 北京：中国铁道出版社有限公司，2023.5

普通高等院校"十四五"系列教材

ISBN 978-7-113-30141-5

Ⅰ. ①P… Ⅱ. ①吉…②王… Ⅲ. ①软件工具－程序设计－高等学校－教材 Ⅳ. ①TP311.561

中国国家版本馆CIP数据核字（2023）第061864号

书　　　名：	Python程序设计基础教程（第2版）
作　　　者：	吉根林　王必友
策　　　划：	张围伟　汪　敏　　　　编辑部电话：（010）51873628
责任编辑：	汪　敏　包　宁
封面设计：	郑春鹏
责任校对：	苗　丹
责任印制：	樊启鹏
出版发行：	中国铁道出版社有限公司（100054，北京市西城区右安门西街8号）
网　　　址：	http://www.tdpress.com/51eds/
印　　　刷：	天津嘉恒印务有限公司
版　　　次：	2021年1月第1版　2023年5月第2版　2023年5月第1次印刷
开　　　本：	787 mm×1 092 mm　1/16　印张：14.75　字数：378千
书　　　号：	ISBN 978-7-113-30141-5
定　　　价：	48.00元

版权所有　侵权必究

凡购买铁道版图书，如有印制质量问题，请与本社教材图书营销部联系调换。电话：（010）63550836
打击盗版举报电话：（010）63549461

前 言

Python 是荷兰人 Guido van Rossum 于 20 世纪 90 年代初设计与开发的一门高级编程语言。它是一种面向对象的解释性高级编程语言，可以让用户编写出清晰易懂的程序，毫无困难地实现所需的功能。与当前流行的其他大多数编程语言相比，Python 编写出来的程序更简捷。如果你没有任何编程经验，那么简捷而强大的 Python 就是你进入编程领域的理想选择。经过 30 年的发展，Python 发布了多个版本，目前较新的版本是 Python 3.8，Python 已经渗透计算机科学与技术、人工智能、统计分析、科学计算可视化、图像处理、大数据处理分析、搜索引擎、游戏动画、网络编程、数据库编程等应用领域。多年前，Python 就已经成为卡内基·梅隆大学、麻省理工学院、加州大学伯克利分校、哈佛大学等高校计算机专业或非计算机专业的程序设计入门教学语言，目前，国内很多高校的多个专业陆续开设了 Python 程序设计课程。

本书主要介绍 Python 程序设计的基本概念、基础知识、基本方法以及 Python 程序的应用开发。首先介绍 Python 的安装和开发环境；随后介绍 Python 的数据类型和基本运算，包括字符串、列表、元组、字典、集合等；然后讲述程序控制结构，包括顺序结构、分支结构和循环结构；接着介绍函数及其应用；此后探讨 Python 的类和对象，以及文件操作，讲解 Python 程序的异常处理与程序调试方法；最后介绍 Python 在科学计算、可视化以及人工智能方面的应用，从而发挥出 Python 的强大功能。

本书为第 2 版，是对第 1 版的修订，主要是增加了第 10 章 "Python 综合应用"，包括中文文本分词、网络爬虫、分类、聚类、回归分析等应用。全书共 10 章，主要内容组织如下：

第 1 章 绪论：主要介绍程序、程序设计以及程序设计语言的基本概念，概述 Python 语言的发展和特点，介绍 Python 程序的开发环境。

第 2 章 Python 基础知识：通过一个简单的例子介绍 Python 程序的基本组成和编写规范，讲解 Python 的变量、表达式、数据类型、基本运算、基本输入/输出；介绍 Python 内建的函数使用方法以及 Python 标准库模块、第三方库模块的导入方法及使用。

第 3 章 序列：主要介绍 Python 中内置的字符串、列表、元组、字典、集合等序列数据类型，介绍了序列元素的访问方式以及使用内置函数、对象的方法对序列对象操作的方法。

第 4 章 程序控制结构：介绍 Python 程序的控制结构，包括顺序结构、分支结构和循环结构；讲解 Python 选择结构、for 循环与 while 循环、带 else 子句的循环结构、

break 和 continue 语句，以及选择结构与循环结构的综合运用。

第 5 章 函数：主要介绍 Python 自定义函数设计，包括函数的定义与调用、参数的传递与参数类型、变量的作用域、递归函数的使用以及匿名函数。

第 6 章 类与对象：介绍面向对象程序设计，讲解面向对象的含义、类的基本概念、如何定义和使用类、类的属性和方法、类的继承机制、常用类及其相关内建函数，并给出了类的应用案例。

第 7 章 文件操作：主要介绍文件操作的相关知识，包括文件的基本概念、文件的打开与关闭、文件读写与定位操作以及目录操作，并给出了文件操作的相关应用案例。

第 8 章 异常处理与程序调试：介绍异常处理的基础知识与程序调试方法，包括异常处理的基本概念、Python 自带的异常类和自定义异常类、Python 中的异常处理、使用 IDLE 调试程序。

第 9 章 科学计算与可视化：主要介绍如何利用 Python 第三方库进行科学计算与可视化的方法，以科学生态系统 SciPy 为例，介绍 Python 语言中的常见工具包，包括 NumPy、Pandas、SciPy library、Matplotlib、Statistics 等。本章的学习可以为后期科研和项目开发奠定基础。

第 10 章 Python 综合应用：介绍有关人工智能方面的基本概念及 Python 人工智能应用方面常用的函数库，实现中文文本分词、网络爬虫、分类、聚类、回归分析等应用。本章的学习让读者掌握利用 Python 第三方库，解决文本处理、网络数据采集以及人工智能分析数据等问题的初步能力。

本书体系完整，条理清晰，内容由浅入深，实例丰富，提供 PPT 课件，适合作为高等学校 Python 程序设计课程的教材，也可作为 Python 程序开发人员的参考书。

本书由南京师范大学计算机与电子信息学院、人工智能学院 Python 程序设计教学团队的老师编写，第 1 章由吉根林编写，第 2、3 章由王必友编写，第 4、5 章由杨俊编写，第 6、7 章由陈燚编写，第 8、9 章由杨琬琪编写，第 10 章由所有编者共同编写。全书由吉根林和王必友任主编，并负责统稿和定稿；杨俊、陈燚、杨琬琪、沈玲玲任副主编，并参与编写大纲的讨论。

由于编者水平有限，书中难免存在不妥和疏漏之处，敬请读者批评指正。

编 者

2023 年 1 月

目 录

第1章 绪论 1
1.1 程序与程序设计语言 1
1.1.1 计算机与程序 1
1.1.2 程序设计语言 1
1.1.3 高级语言程序的开发过程 2
1.2 Python 语言概述 3
1.3 Python 语言开发环境 5
1.3.1 IDLE 开发环境 5
1.3.2 Anaconda 开发环境 6
1.3.3 Python 语句执行方式 7
小结 8
习题 9

第2章 Python 基础知识 10
2.1 一个简单的 Python 程序 10
2.2 Python 语言的编程规范 11
2.3 变量、表达式和赋值语句 12
2.4 数据类型 15
2.4.1 数字类型 15
2.4.2 字符串类型 16
2.4.3 布尔类型 17
2.4.4 列表、元组、字典、集合 18
2.5 基本运算 18
2.5.1 算术运算 18
2.5.2 位运算 19
2.5.3 比较运算 20
2.5.4 逻辑运算 20

2.5.5 成员运算 21
2.5.6 身份运算 22
2.5.7 运算符的优先级 23
2.6 函数与模块 24
2.6.1 内置函数 24
2.6.2 模块函数 27
2.7 基本输入/输出 29
2.7.1 使用 input() 函数输入 29
2.7.2 使用 print() 函数输出 30
小结 30
习题 31

第3章 序列 32
3.1 序列概述 32
3.1.1 索引 33
3.1.2 切片 34
3.1.3 重复 35
3.1.4 连接 35
3.1.5 序列类型转换内置函数 35
3.1.6 序列其他内置函数 36
3.2 字符串 38
3.2.1 字符串创建 38
3.2.2 转义字符 39
3.2.3 字符串格式化 40
3.2.4 字符串常用方法 42
3.2.5 字符串应用举例 47
3.3 列表 47

3.3.1 列表创建 48
3.3.2 列表元素的增加 49
3.3.3 列表元素的删除 50
3.3.4 列表元素访问与计数 51
3.3.5 列表排序 51
3.3.6 列表应用举例 52
3.4 元组 53
3.4.1 元组的创建 53
3.4.2 元组的特性 54
3.4.3 元组应用举例 54
3.5 字典 55
3.5.1 字典创建 56
3.5.2 字典元素的访问 57
3.5.3 字典元素的添加与修改 57
3.5.4 字典应用举例 59
3.6 集合 60
3.6.1 集合的创建 61
3.6.2 集合操作 62
3.6.3 集合应用举例 64
小结 64
习题 64

第 4 章 程序控制结构 66

4.1 概述 66
4.2 顺序结构 66
4.2.1 赋值语句 66
4.2.2 基本输入/输出 67
4.3 分支结构 68
4.3.1 if 语句（单分支结构）........... 68
4.3.2 else 语句（双分支结构）....... 69
4.3.3 elif 语句（多分支结构）....... 69
4.3.4 嵌套的 if 语句 71

4.4 循环结构 72
4.4.1 while 语句 72
4.4.2 for 语句 73
4.4.3 嵌套循环 75
4.4.4 break、continue 语句和 else 子句 75
4.4.5 特殊循环——列表解析 77
4.5 应用程序举例 78
小结 82
习题 82

第 5 章 函数 86

5.1 概述 86
5.2 函数定义与调用 86
5.2.1 函数定义 86
5.2.2 函数调用 87
5.3 函数的参数 91
5.3.1 参数传递 91
5.3.2 参数类型 93
5.4 变量作用域 97
5.5 递归函数 99
5.6 匿名函数 101
5.7 常用标准库函数 102
5.7.1 math 标准库 102
5.7.2 os 标准库 104
5.7.3 random 标准库 104
5.7.4 datetime 标准库 105
5.8 函数应用举例 107
小结 110
习题 110

第 6 章 类与对象 113

6.1 面向对象的基本思想 113

6.2 类和对象的概念 114
   6.2.1 类 114
   6.2.2 对象 114
6.3 属性 115
   6.3.1 实例属性 115
   6.3.2 类属性 116
6.4 方法 117
   6.4.1 实例方法 117
   6.4.2 类方法 119
   6.4.3 静态方法 120
6.5 私有成员和公有成员 122
6.6 继承机制 123
   6.6.1 子类的定义 123
   6.6.2 类成员的继承和重写 124
6.7 常用类及其相关内置函数 125
6.8 类的应用举例 126
小结 127
习题 128

第7章 文件操作 129

7.1 文件的基本概念 129
7.2 文件的打开与关闭 129
7.3 文件的读写与定位操作 131
7.4 目录操作 132
7.5 文件操作应用举例 135
小结 136
习题 137

第8章 异常处理与程序调试 138

8.1 基本概念 138
8.2 Python 异常类与自定义异常 138
   8.2.1 Python 异常类 138

8.2.2 用户自定义异常 139
8.3 Python 中的异常处理 140
   8.3.1 try...except 语句 141
   8.3.2 except 捕获多个异常 141
   8.3.3 try...except...else 语句 143
   8.3.4 try...finally 语句 143
   8.3.5 raise 语句捕获异常 144
8.4 使用 IDLE 调试程序 144
小结 147
习题 147

第9章 科学计算与可视化 148

9.1 概述 148
9.2 NumPy 简单应用 148
   9.2.1 创建多维数组 149
   9.2.2 ndarray 数组维度变化和类型
          变化 150
   9.2.3 ndarray 操作与运算 151
   9.2.4 ufunc 运算 154
   9.2.5 文件存取 156
9.3 SciPy library 简单应用 157
   9.3.1 最小二乘拟合 157
   9.3.2 函数最小值 159
   9.3.3 非线性方程组求解 160
   9.3.4 B-Spline 样条曲线 161
   9.3.5 数值积分 162
9.4 Matplotlib 简单应用 164
   9.4.1 绘制正弦、余弦曲线 165
   9.4.2 绘制散点图 167
   9.4.3 绘制饼状图和条形图 167
   9.4.4 绘制三维图形 169

9.4.5 绘制三维曲线 171
9.5 Pandas 简单应用 172
   9.5.1 基本概念 172
   9.5.2 加载 CSV 文件 173
   9.5.3 查看并修改数据 174
   9.5.4 处理缺失值 176
   9.5.5 数据合并 177
   9.5.6 数据统计与分析 179
9.6 Statistics 简单应用 180
   9.6.1 平均值以及中心位置的
        评估 180
   9.6.2 方差和标准差 181
小结 182
习题 183

第 10 章 Python 综合应用 184

10.1 人工智能概述 184
   10.1.1 什么是人工智能 184
   10.1.2 人工智能学科的研究内容 184
   10.1.3 人工智能的应用 186
   10.1.4 Python 人工智能应用常用
         函数库 188
10.2 中文分词应用 188
   10.2.1 自然语言处理简介 188
   10.2.2 中文分词 189
   10.2.3 jieba 库与 wordcloud 库的
         使用 191
   10.2.4 wordcloud 库的使用 192
10.3 网络爬虫 194
   10.3.1 requests 库 194
   10.3.2 HTML 格式 196
   10.3.3 BeautifulSoup 库 198
   10.3.4 正则表达式 200
10.4 分类的应用 202
   10.4.1 分类介绍 202
   10.4.2 分类算法 202
   10.4.3 分类算法应用 203
10.5 聚类的应用 206
   10.5.1 鸢尾花数据集 206
   10.5.2 K-Means 聚类算法介绍 207
   10.5.3 调用 sklearn 相关包实现
         鸢尾花聚类 208
10.6 回归分析应用 210
   10.6.1 一元线性回归分析 210
   10.6.2 多元线性回归分析 212
小结 215
习题 216

Python 程序设计综合测试（试卷 1）...... 217
Python 程序设计综合测试（试卷 2）...... 222
参考文献 227

第 1 章 绪 论

本章主要介绍程序、程序设计以及程序设计语言的基本概念，概述 Python 语言的发展和特点，介绍 Python 程序的开发环境。

1.1 程序与程序设计语言

1.1.1 计算机与程序

计算机是当今信息化社会必不可少的工具。它是一种按照事先编写的程序，自动对数据进行输入、处理、输出和存储的系统。计算机要完成不同的工作，就要运行不同的程序。程序就是为完成某项任务而编写的一组计算机指令序列。编写程序的过程称为程序设计。程序设计是软件开发的关键步骤，软件的质量主要是通过程序的质量来体现的。在进行程序设计之前必须根据实际需求确定使用什么程序设计语言来编写程序。

1.1.2 程序设计语言

人与人之间交流需要使用能相互理解的语言沟通，人与计算机交流也要使用能相互理解的语言。程序设计语言用于实现人与计算机之间的交流，它经历了从机器语言、汇编语言到高级语言的发展历程。

1. 第一代语言—机器语言

机器语言是由 0 和 1 组成的指令序列。例如，指令 1011011000000000 表示要计算机执行一次加法操作；而指令 1011010100000000 则表示要计算机执行一次减法操作。它们的前 8 位表示操作码，后 8 位表示地址码。

机器语言可以直接被计算机识别，因此机器语言最大的特点是效率高、执行速度快。但是采用机器语言编写程序，要求程序员熟记所用计算机的全部指令代码和代码的含义，编写程序时，程序员必须自己处理每条指令和每个数据的存储分配、输入/输出，还要记住编程过程中每步所使用的工作单元处在何种状态。可想而知，用机器语言编写程序是一件十分烦琐且容易出错的工作。

2. 第二代语言—汇编语言

由于用机器语言编程存在工作量大、易于出错等问题，因此人们考虑采用一些简洁的英文字母、符号串替代特定指令的二进制串，使表达方式更接近自然语言。例如，用 ADD 代表加法、MOV 代表数据传送等，这样人们就很容易读懂并理解程序在干什么，纠错及维护都很方便。这种采用英文缩写的助记符标识的语言称为汇编语言。但是，计算机并不认识这些符号，因此需要一个专门的程序，负责将这些符号翻译成二进制数形式的机器语言，这样才能被计算机执行，这种翻译程序称为汇编程序。

汇编语言是一种与机器语言一一对应的程序设计语言，虽然不是用 0、1 代码编写，但实质是相同的，都是直接对硬件进行操作，只不过指令采用助记符标识，更容易识别和记忆。机器语言和汇编语言均与特定的计算机硬件有关，程序的可移植性差，属于低级语言。由于汇编语言源程序的每一句指令只能对应实际操作过程中一个很细微的动作，如移动、加法等，因此汇编源程序一般比较冗长、复杂，容易出错，而且使用汇编语言编程需要有更多的计算机专业知识，所以人们只有在直接编写面向硬件的驱动程序时才采用它。

3．第三代语言——高级语言

到了 20 世纪 50 年代中期，人们研制了高级语言。高级语言是用接近自然语言表达各种意义的"词"和常用的"数学公式"形式，按照一定的"语法规则"编写程序的语言。这里的"高级"，是指这种语言与自然语言和数学公式相当接近，而且不依赖于计算机的型号，通用性好。高级语言的使用改善了程序的可读性、可维护性和可移植性，大大提高了编写程序的效率。用高级语言编写的程序称为高级语言源程序，不能被计算机直接识别和执行，需要把高级语言源程序翻译成目标程序才能执行。

高级语言的出现大大简化了程序设计，缩短了软件开发周期，显示出强大的生命力。此后，编制程序已不再是软件专业人员才能做的事，一般工程技术人员花上较短的时间学习，也可以使用计算机解决问题。随着计算机应用日益广泛地渗透各学科和技术领域，后来发展了一系列不同风格的、为不同对象服务的程序设计语言，其中较为著名的有 FORTRAN、BASIC、COBOL、ALGOL、LISP、PASCAL、C、C++、Java、C#、Python 等语言。

1.1.3 高级语言程序的开发过程

有人认为程序设计是一门艺术，而艺术在很大程度上是基于人的灵感和天赋，它往往没有具体的规则和步骤可循。对于一些小型程序的设计，上述说法可能有一些道理。但是，对于大型复杂程序的开发，灵感和天赋不是很好的解决之道，几十年的程序开发实践已表明这一点。事实上，程序设计是一门科学，程序的开发过程是有规律和步骤可循的。通常，高级语言程序的开发遵循以下步骤。

1．明确问题

用计算机解决实际问题，首先要明确解决什么问题，即做什么，如果对问题都没有搞清楚或理解错了，就试图解决它，其结果是可想而知的。

2．算法设计

明确问题之后，就要考虑如何解决它，即如何做，计算机解决问题的方式就是对数据进行处理，因此，首先要对问题进行抽象，抽取出能够反映问题本质特征的数据并对其进行描述，然后设计计算机对这些数据进行处理的操作步骤，即算法设计。

3．选择某种语言进行编程

算法设计完成后，就必须要用某种实际的程序设计语言来表达，即编程实现。现在的程序设计语言很多，选用哪一种语言来编程呢？从理论上讲，虽然各种语言之间存在着或多或少的差别，但它们大多数都是基于冯·诺依曼体系结构的，它们在表达能力方面是等价的，因此对于同一个设计方案，用任何一种语言都能实现。

在实际中，采用哪一种语言来编程可以考虑以下因素后决定：

（1）设计方案。例如，对于采用功能分解的设计方案，用某种过程式程序设计语言进行编程比较合适；对于面向对象的设计方案，采用面向对象的程序设计语言来实现，就比较自然和方便。

（2）编程语言效率的高低、使用的难易程度、数据处理能力的强弱等。

（3）一些非编程技术的因素。例如，编程人员的个人喜好。

选定了编程语言之后，下面就是使用该语言编写程序。对于同一个设计方案，不同的人会写出不同风格的程序。程序设计风格会影响程序的正确性和易维护性。程序设计风格取决于编程人员对程序设计的基本思想、技术以及语言掌握的程度。

4．测试与调试

程序编写好之后，其中可能含有错误。程序错误通常有3种：

（1）语法错误：是指程序没有按照语言的语法规则来书写，这类错误可由编译程序来发现。

（2）逻辑（或语义）错误：是指程序没有完成预期的功能。

（3）运行异常错误：是指对程序运行环境的非正常情况考虑不周而导致的程序异常终止。这些错误可能是编程阶段导致的，也有可能是设计阶段甚至是问题定义阶段的缺陷。程序的逻辑错误和运行异常错误一般可以通过测试来发现。测试方法有很多，比如：

① 静态测试：即不运行程序，而是通过对程序的静态分析找出逻辑错误。

② 动态测试：即利用一些测试数据，运行程序，观察程序的运行结果是否与预期的结果相符。

值得注意的是，不管采用何种测试手段，都只能发现程序有错，而不能证明程序正确。例如，想要用动态测试技术来证明程序没有错误，就必须对所有可能的输入数据运行程序并观察运行结果，这往往是不可能的，并且也没有必要。测试的目的是尽可能多地发现程序中的错误。

测试工作不一定要等到程序全部编写完成才开始进行，可以采取编写一部分、测试一部分的方式来进行，最后再对整个程序进行整体测试。即先进行单元测试，再进行集成测试。

如果通过测试发现程序有错误，那么就需要找到程序中出现错误的位置和原因，即错误定位。给错误定位的过程称为调试（debug）。调试一般需要运行程序，通过分段观察程序的阶段性结果来找出错误的位置和原因。

5．运行与维护

程序通过测试后就可交付使用了。由于所有测试手段只能发现程序中的错误，而不能证明程序没有错误，因此在程序的使用过程中可能会不断发现程序中的错误。在使用过程中发现并改正错误的过程称为程序的维护。程序维护可分成3类：

（1）正确性维护：是指改正程序中的错误。

（2）完善性维护：是指根据用户的要求使得程序功能更加完善。

（3）适应性维护：是指把程序移植到不同的计算平台或环境中。

1.2　Python 语言概述

Python是一种面向对象的解释性高级编程语言，它能让用户毫无困难地实现所需的功能，能让用户编写出清晰易懂的程序。与当前流行的其他大多数编程语言相比，Python编写出来的程序更简捷。虽然Python的运行速度没有C、C++等编译型语言快，但它能够节省编程时间。

仅考虑到这一点就值得使用 Python，况且对大多数程序而言，速度方面的差别并不明显。如果你是 C 语言程序员，那么你可轻松地使用 C 语言实现程序的重要部分，再将其与 Python 部分整合起来。如果你没有任何编程经验，那么简捷而强大的 Python 就是你进入编程世界的理想选择。

自从荷兰人 Guido van Rossum 于 20 世纪 90 年代初设计创建这门语言开始，其追随者就在不断增加，最近几年尤其如此。Python 广泛用于完成系统管理任务，也被用来向新手介绍编程。NASA 使用它来完成开发工作，并在多个系统中将其用作脚本语言；Google 使用它实现了网络爬虫和搜索引擎的众多组件。Python 还被用于计算机游戏和生物信息等众多领域。

在不同的操作系统中，Python 存在细微的差别，目前有两个不同的 Python 版本：Python 2.x 和 Python 3.x。Python 3.x 不兼容用 Python 2.x 编写的代码，有一些使用 Python 2.x 编写的代码无法在 Python 3.x 系统中正确运行。现在 Python 已经进入 Python 3.x 时代，Python 3.x 最终将逐渐取代 Python 2.x。每种编程语言都会随着新概念和新技术的推出而不断发展，Python 的开发者也一直致力于丰富和强化其功能。

长期以来，编程界都认为刚接触一门新语言时，一般首先使用它来编写一个在屏幕上显示消息"Hello World!"的程序。要使用 Python 来编写这种 Hello World 程序，只需一行代码：

```
print("Hello World!")
```

这种程序虽然简单，却有其用途。

计算机的程序设计语言很多，有最经典的 C 语言，有同样面向对象的 C++、Java、C#，还有适用于数据计算的 R 语言和简便易行的 go 语言。Python 能够从众多编程语言中脱颖而出，是由其自身固有特点决定的。

Python 的优点很多，可以总结为以下几点：

（1）语法简单，函数式语言与面向对象语言相结合，直接使用大量丰富的标准函数库实现各种功能，代码量小，开发周期短。

（2）学习门槛低，与其他很多语言相比，Python 更容易上手。

（3）开放源代码，拥有强大的社区和生态圈。

（4）解释型语言，具有平台可移植性。

（5）具有良好的可扩展性和可嵌入性，可以调用 C/C++ 代码，也可以在 C/C++ 中调用 Python。

（6）代码规范程度高，可读性强。

Python 的缺点主要有以下几点：

（1）Python 是解释型语言，执行效率较低，因此计算密集型任务可以由 C/C++ 编写。

（2）代码无法加密，但是现在很多公司都不销售软件而是销售服务，这个问题会被淡化。

（3）在开发时可以选择的框架太多，如 Web 框架就有 100 多个。

（4）Python 2.x 和 Python 3.x 不兼容。

Python 具备强大的语言整合能力，随着大数据和人工智能的广泛应用，未来 Python 语言的应用场景会得到进一步拓展。目前主要应用领域包括云计算、Web 应用开发（网络爬虫）、大数据分析、人工智能（机器学习、自然语言处理、计算机视觉等）、嵌入式开发和各种后端服务开发（App 以及各种小型应用的后端服务）。

1.3 Python 语言开发环境

Python 开发环境有 IDLE、Anaconda、PyCharm、Eclipse 等。IDLE 是 Python 官方提供的简易集成开发环境，具有语言处理系统基本的程序编辑、调试、运行等功能。Anaconda、PyCharm、Eclipse 开发环境是对 Python 语言处理系统进行封装和集成，使得代码的编写、调试以及项目管理更加便利。下面介绍 IDLE、Anaconda 的特点及使用方法。

1.3.1 IDLE开发环境

IDLE 是 Python 原始的开发环境之一，没有集成任何扩展库，也没有强大的项目管理功能，它包含了编辑器、交互式命令行和调试器等基本组件，适合 Python 的简单应用开发。

1. Python IDLE 安装

在 Python 官方网站下载 Python 安装软件包。Python 支持 Windows 操作系统、Linux/UNIX 操作系统和 Mac OS 操作系统等，对于 Windows 操作系统还区分为 32 位和 64 位系统。Python 安装软件包在不断地更新升级中，目前较新的有 Python 3.8.x 版。使用时可根据需要下载合适的版本进行安装，当前一般选用 Python 3.x 版本。

本书选用的是 Python 3.7.8 版。安装完成后，启动 Python，进入 Python Shell 界面，又称 Python IDLE 交互式界面，它是 Python 标准控制台（console），如图 1-1 所示。其中，">>>" 是命令提示符，表示可以输入 Python 语句并执行。

2. 第三方库安装

Python IDLE 安装后，能够完成基本软件开发工作。但在进行数据处理、科学计算等应用时，还可以使用 Python 丰富的扩展软件包，即第三方库。Python 官方网站提供了 PyPi（the Python Package Index）软件索引，管理超过 10 万个 Python 软件包。用户可以在线安装，也可以下载软件包后进行本地安装。

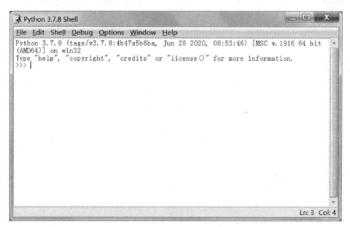

图1-1　Python IDLE交互式界面

下面以 Windows 操作系统环境下安装数组矩阵计算包 numpy 为例，介绍安装方法。

1）在线安装

在 Windows 的命令窗口中，执行下列命令：

```
pip install numpy
```

将自动链接 Python 软件包网站，下载并自动安装，如图 1-2 所示。

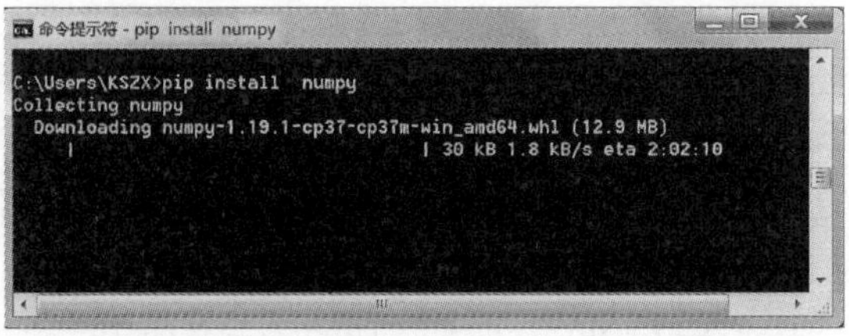

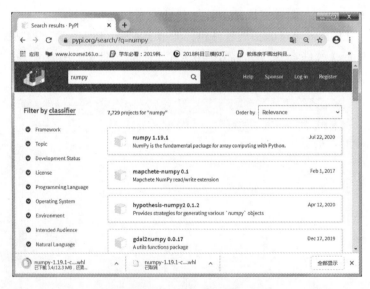

图1-2　在线安装numpy命令窗口

pip 是 Python 的安装程序，安装 Python 软件包 IDLE 时，已自动安装，可以直接使用。如果缺失，可以在命令窗口中先执行下列命令安装 pip。

```
python get-pip.py
```

若本地没有 get-pip.py 文件，可以在 Python 官方网站下载。如果 pip 版本过低，可以执行下列命令进行在线升级。

```
pip install --upgrade pip
```

2）本地安装

首先，进入 Python 官方网站，单击 pypi 链接，搜索 numpy，进入 numpy 下载界面，如图 1-3 所示。选择要下载的 numpy 版本。本例选择适合在 Windows 64 位操作系统下运行的文件 numpy-1.19.1-cp36-cp36m-win_amd64.whl。下载的文件一般保存在 Python 安装目录下的 scripts 子目录中。

图1-3　numpy下载界面

在 Windows 的命令窗口中，将当前目录切换到 Python 安装目录下的 scripts 子目录或选择默认文件访问路径，执行下列命令进行安装。

```
pip install numpy-1.19.1-cp36-cp36m-win_amd64.whl
```

1.3.2　Anaconda开发环境

Anaconda 安装包集成了大量的常用扩展库，并提供了 Spyder 和 Jupyter 开发环境，省去了烦琐的第三扩展库的安装，适合初学者、教学和科研人员使用，是目前比较流行的 Python 开发环境之一。从官方网站下载适合的版本后安装即可。下面以 Spyder 为例，简单介绍其应用。

启动 Anaconda，加载 Spyder（也可以直接启动 Spyder），显示图 1-4 所示界面。可以看出，Spyder 界面默认分为 3 部分：左边是程序代码窗口，用于编辑程序代码；右上面为跟踪调试窗口，用于检查变量值、使用的文件、断点等；右下面为交互窗口（控制台），用于输入语句交互式执行，并显示程序执行的结果。

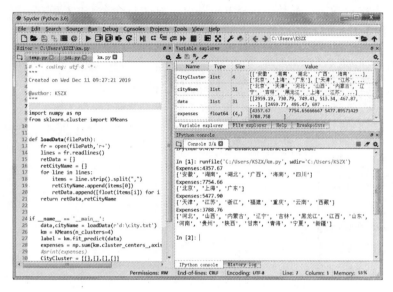

图1-4　Spyder界面

1.3.3　Python语句执行方式

Python 语句有两种执行方式：一种是交互方式；另一种是程序执行方式。下面以 Python IDLE 开发环境为例，介绍两种执行方式的使用方法。

1. 交互方式

在交互窗口中，每次只能执行一条语句。当提示符"＞＞＞"显示时，若输入普通语句并按【Enter】键，Python 立即执行，显示结果。对于含有分支、循环等复合语句，输入完成后，必须按两次【Enter】键才能执行。普通语句的执行效果如图 1-5 所示。

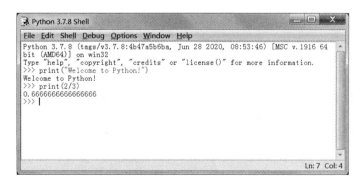

图1-5　交互执行方式界面

以上 print("Welcome to Python!")、print(2/3) 两语句分别为输出字符串 "Welcome to Python!" 和计算并输出 2/3 的值。在 IDLE 中，使用不同的颜色显示不同的语法要素，如橙色表示 Python 的关键字、绿色表示字符串，以减少代码输入错误。

2. 程序执行方式

在实现复杂的任务时，要编写大段的程序代码，为了便于反复修改多次执行，一般采用程序执行方式。在 Python IDLE 中，选择 File → New File 命令打开程序编辑窗口，创建一个程序文件，将其保存为 .py 文件。然后，选择 Run → Run Module 命令，执行程序，结果将显示在交互式窗口中，如图 1-6 所示。

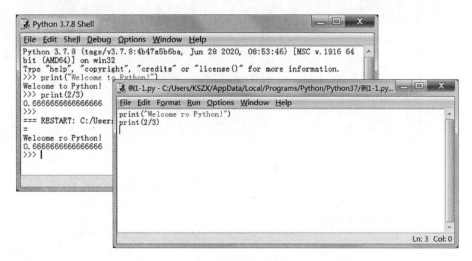

图1-6　程序编辑与执行

交互方式与程序执行方式，虽然在形式上有所区别，但本质上都是解释执行。

为了表述方便，本书各章节内容都是以 Python IDLE 为环境，介绍 Python 程序设计的有关内容。在介绍单一语句时，多采用交互方式作为示例，介绍综合实例时，多采用程序方式作为示例。

小　　结

本章介绍了程序、程序设计、程序设计语言的概念以及程序的开发过程；阐述了 Python 语言的发展和特点；介绍了 Python 开发环境和运行方式。

计算机要完成不同的工作，就要运行不同的程序。程序就是为完成某项任务而编写的一组计算机指令序列。编写程序的过程称为程序设计。程序设计语言经历了从机器语言、汇编语言到高级语言的发展历程。

Python 是一种面向对象的解释型高级语言，于 20 世纪 90 年代初设计创建。它语法简单，容易上手；它开放源代码，具有良好的可扩展性和可嵌入性；它具有大量丰富的标准函数库以便实现各种功能，代码量小、开发周期短。随着大数据和人工智能的广泛应用，Python 语言具有很多应用领域，包括大数据分析、机器学习、自然语言处理、计算机视觉、Web 应用开发（网络爬虫）等。

Python 开发环境有 IDLE、Anaconda、PyCharm、Eclipse 等。IDLE 是 Python 官方提供的

简易集成开发环境,具有语言处理系统基本的程序编辑、调试、运行等功能。Anaconda、PyCharm、Eclipse 开发环境是对 Python 语言处理系统进行封装和集成,使得代码的编写、调试以及项目管理更加便利。Python 语句有两种执方式:一种是交互方式;另一种是程序执行方式。

习　　题

1. 简述程序设计语言发展的几个阶段,并列举目前常用的若干个高级语言。
2. 简述程序开发的基本过程。
3. 简述 Python 语言的特点。
4. 在 Python 官方网站下载 Python 3.x,并试用 pip 安装 Matplotlib 软件包。
5. 分别使用交互方式和程序执行方式,编写 2～3 行代码,输出字符串和算术运算式的值。

第 2 章 Python 基础知识

第 1 章介绍了 Python 语言的版本、安装以及 IDE 的使用等,下面学习如何使用 Python 语言进行编程的基础方法。任何一门程序设计语言,都有自己的语法规范,本章通过一个简单的例子介绍 Python 程序的基本组成,并进一步介绍 Python 程序的编写规范以及 Python 的变量、表达式、数据类型、基本运算、函数等基本内容。

2.1 一个简单的 Python 程序

Python 语句可以在 IDLE 环境中一条一条地直接执行,即交互执行,完成较为简单的任务或验证某些功能。在完成较为复杂的任务时,一般要编写 Python 程序。Python 程序是由 Python 基本语句和程序控制语句组成的完成特定任务的文本文件,它的文件扩展名为 .py。通过执行 Python 程序,实现程序的功能。

例 2-1 使用 for 循环语句计算 1+2+3+…+10。

```
1  # 例 2-1
2  '''
3  该程序实现累加和
4  使用 range() 函数,返回指定范围的整数序列
5  使用 for 循环语句,对每一个 range(1,11) 中的元素 x(1,2,…,10) 进行遍历
6  循环执行 s 关于 x 的累加
7  '''
8  s=0                              # 变量 s 初始值赋 0
9  for x in range(1,11):            # 循环控制语句
10     s=s+x                        # 循环执行的第 1 条语句,s 进行累加
11     print(' 执行的次数 ',x)       # 循环执行的第 2 条语句,输出当前 x 的值
12 print(' 累加和为 ',s)             # 循环外语句,循环结束后执行,输出累加和 s
```

程序执行的结果显示为:

```
===========RESTART:C:/Users/KSZX/Desktop/python教材编写 / 例子 / 例 2-1.py===========
执行的次数 1
执行的次数 2
执行的次数 3
执行的次数 4
执行的次数 5
执行的次数 6
执行的次数 7
执行的次数 8
执行的次数 9
执行的次数 10
```

```
累加和为 55
>>>
```

以上程序实现 1+2+3+…+10 的累加和。程序执行的步骤如下：

（1）执行 s=0 语句，为累加做好准备。

（2）执行 for x in range(1,11) 语句，表示循环开始。每循环一次 x 取 range(1,11) 函数中的下一个元素（x 依次取值 1，2，3，…，10），当 x 取值完毕后，结束循环，执行步骤（5）。

（3）执行循环体（缩进部分）中 s=s+x 语句，在当前 s 的值基础上累加 x。

（4）执行循环体（缩进部分）中 print(' 执行的次数 ',x) 语句，输出当前 x 的值。

（5）执行 print(' 累加和为 ',s) 语句，输出最终的累加和 s。

其中，s、x 为变量，它的值在程序的执行过程中发生变化；s=0、s=s+x 为赋值语句，给变量赋值；s+x 为运算表达式；for x in range(1,11) 为循环控制语句，控制循环体中的语句重复执行；range() 为函数，能够返回整数序列，并可以通过 for 循环控制语句进行遍历；print(' 执行的次数 ',x)、print(' 累加和为 ',s) 为输出语句，输出变量的值。

可以看出，Python 程序由变量、函数、表达式和语句等要素组成。

2.2 Python 语言的编程规范

Python 程序与其他高级语言程序一样，有自己的编程规则和规范，如程序中注释、代码块的缩进、语句的续行等。

1. 注释

注释是对程序实现的功能及实现方法等的说明，以增加程序的可读性。注释不是 Python 语句，执行时将被忽略。

以符号"#"开始，表示本行"#"之后的内容为注释。如例 2-1 中，第 1 行为注释行。第 8～12 行前面为 Python 语句，而"#"之后的内容为本行的注释。

包含在一对三引号 '''...''' 或 """...""" 之间且不属于任何语句的内容为注释行。如例 2-1 中，第 3～6 行在三个单引号 '''...''' 之间为多行文字注释。三引号标识的多行文字作为语句的内容时，不作为注释解释，例如：

```
>>> print('''This is  a sample,
Hello world''')
This is  a sample,
Hello world
>>>
```

其中的 2 行文字，作为输出的内容。

2. 缩进

Python 程序是依靠代码块的缩进来体现代码之间的逻辑关系的，缩进结束就表示一个代码块结束了，同一个级别的代码块的缩进量必须相同。一般而言，以 4 个空格为基本缩进单位。在程序控制语句、函数定义等行尾的冒号表示缩进的开始（输入代码时会自动缩进 4 个空格）。如例 2-1 中，第 9 行表示循环控制语句，末尾必须加上"："，第 10、11 行是循环体，被多次循环执行，而第 12 行没有缩进，表明它不属于循环体，循环结束后被执行一次。

3. 续行

一般一行输入一条语句，如果语句太长而超过一定宽度，最好使用续行符"\"，或者使用圆括号将多行代码括起来表示是一条语句。例如，以下 3 条语句的功能相同。

```
>>> x = 1+2+3+4+5+6
>>> x = 1+2+3\
    +4+5+6
>>> x = (1+2+3
    +4+5+6)
```

4．多语句行

如果语句较短，可以在一行内输入多条语句，语句之间要加上分号";"进行分隔。例如：

```
>>> x = "Hello"
>>> y = "World"
>>> print(x,y)
```

可以改写成：

```
>>> x = "Hello"; y = "World"; print(x,y)
```

输出结果均为：

```
Hello World
```

5．大小写敏感

Python 中使用的变量、函数、关键字等是大小写敏感的。例如：

```
>>> x = "Hello"
>>> print(x)
Hello
>>> print(X)
Traceback (most recent call last):
    File "<pyshell#57>", line 1, in <module>
        print(X)
NameError: name 'X' is not defined
>>> range(1,11)
range(1, 11)
>>> Range(1,11)
Traceback (most recent call last):
    File "<pyshell#59>", line 1, in <module>
        Range(1,11)
NameError: name 'Range' is not defined
```

上例中，x 变量为小写，当输出大写 X 时，提示 X 没有定义。range() 函数不能写成 Range()。

在编写 Python 程序代码时，在一段完整的功能代码之后最好增加一个空行，在运算符两侧各增加一个空格，逗号后面增加一个空格，以增加程序的可读性。

2.3 变量、表达式和赋值语句

在 Python 中要处理的一切都是对象，如整数、实数、字符串、列表、元组、字典和函数等。Python 对象又分为内置对象、标准库对象和扩展库对象，其中内置对象是 Python 启动后，可以直接使用的对象，而标准库对象和扩展库对象需要安装导入后才能使用。这些对象常用变量来表示，并通过运算符连接构成表达式进行运算。

1. 变量

在 Python 中，变量是用来标识对象或引用对象的，它不需要事先声明变量名及其数据类型，利用赋值语句直接给变量赋值即可创建各种数据类型的变量。例如：

```
1  >>> s = 0
2  >>> s = s+1
3  >>> x = 'Hello world.'
```

第 1 行创建了整型变量 s，并赋值为 0。第 2 行将 s 的值加上 1 后，再赋值给 s。第 3 行创建了字符串变量 x，并赋值为 'Hello world.'。

这里，"="不再是等于的意思，而是给变量赋值的意思。赋值语句的执行过程：首先把等号右侧表达式（单个常量或变量可以认为是没有运算符的表达式）的值计算出来，然后在内存中寻找一个位置把值存放进去，最后创建变量并指向这个内存地址。可以通过 id() 函数获取变量的身份标识（变量分配的内存地址标识）、type() 函数获取其数据类型。例如：

```
>>> x = 3
>>> id(x)
8791658758480
>>> print(type(x))              # 查看变量类型
<class 'int'>
>>> x = 'Hello World.'
>>> id(x)
52020272
>>> print(type(x))              # 查看变量类型
<class 'str'>
```

上例中，x 变量先是赋值 3，为整数类型，而后赋值 'Hello World.'，其数据类型为字符串。变量的 id() 值是动态分配的内存地址标识。

变量创建后，若不再使用，可以通过 del 语句删除变量，释放所占用的内存空间。例如：

```
>>> x = 'Hello World.'
>>> x
'Hello World.'
>>> del x
>>> x                           # 变量删除后，就不能引用了
Traceback (most recent call last):
    File "<pyshell#32>", line 1, in <module>
        x
NameError: name 'x' is not defined
```

2. 变量的命名

每个变量都有一个标识名，称为变量名。变量命名遵循以下规则：

（1）变量名必须是以字母或下画线开头的字母数字串。以下画线开头的变量名在 Python 中有特殊含义。

（2）变量名中不能有空格以及标点符号（括号、引号、逗号、斜线、反斜线、冒号、句号、问号等）。

（3）不能使用 Python 关键字作变量名，如 True、for、if 不能作为变量名。可以导入 keyword 模块后使用 print(keyword.kwlist) 查看所有 Python 关键字。

（4）变量名对英文字母的大小写敏感，如 student 和 Student 是不同的变量。

不建议使用系统内置的模块名、类型名或函数名以及已导入的模块名及其成员名作变量名，这将会改变其类型和含义，导致程序运行错误。

3. 表达式

表达式是常量、变量和函数等通过运算符连接的运算式。例如：

```
>>> 2 + 3 * abs(-4)          #abs()为取绝对值函数，其中 * 表示乘法
14
>>> 'Python' < 'Java'
False
>>>
```

上述代码中，分别是算术运算表达式和字符串比较表达式。Python 还有位运算表达式、逻辑运算表达式等。表达式可以出现在赋值语句中，也可作为函数的参数使用等。例如：

```
>>> x = 2 + 3 * abs(-4)
>>> print(2 + 3 * abs(-4))
14
```

Python 还支持面向对象技术，对象可以通过方法来操作。例如：

```
>>> 'abc'.upper()
'ABC'
```

上述代码中，字符串对象 'abc' 执行方法 upper()，实现小写转换成大写。对象执行方法的一般式为：< 对象 >.< 方法 >。有时还需要读取对象的属性值，其一般格式为：< 对象 >.< 属性 >。关于对象的属性、方法的详细说明将在第 6 章介绍。

4. 赋值语句

除使用"="给变量赋值外，Python 还支持增量赋值。所谓增量赋值就是将一些基本运算符和"="连在一起使用。Python 支持的增量赋值运算符包括：-=、+=、/=、*=、%=、//=、**=、<<=、>>=、&=、^=、|=。例如：

```
>>> x = 2
>>> x += 2                   # 相当于 x = x+2
>>> x
4
>>> x *= 2                   # 相当于 x = x*2
```

Python 支持链式赋值，例如：

```
>>> x = 2
>>> y = x = x+2              # 相当于 x = x+2、y = x 两条语句
>>> y
4
```

Python 还支持多重赋值。例如：

```
>>> x, y, z = 2, 3, 4        # 同时给多个变量赋值
>>> x
2
>>> y
3
>>> z
4
>>> x, y = y, x              #x,y 的值交换
```

```
>>> x
3
>>> y
2
>>> x, y = 'ab'
>>> x
'a'
>>> y
'b'
```

2.4 数据类型

在 Python 中，处理的常量或变量都属于某个数据类型，基于数据类型分配存储空间及执行相应的运算。像其他程序设计语言一样，Python 有数字类型、字符串类型、布尔类型等常规数据类型，还有 Python 特色的列表、元组、字典和集合数据类型。

2.4.1 数字类型

在 Python 中，内置的数字类型有整数（int）、浮点数（float）和复数（complex）。

1. 整数

整数类型常用十进制整数表示，可以是正整数，也可以是负整数，例如：

```
>>> x = 3
>>> >>> type(x)
<class 'int'>
```

将整数 3 赋值给了变量 x，则 x 的数据类型为 int。整数也可以用二进制、八进制和十六进制表示。例如：

```
>>> y = 0b101      # 以 0b 开头表示二进制整数，每一位只能是 0 或 1
>>> type(y)
<class 'int'>
>>> y              #y 的值为十进制 5
5
>>> z = 0o52       # 以 0o 开头表示八进制整数，每一位只能是 0, 1, …, 7
>>> z
42
>>> r = 0xf5       # 以 0x 开头表示十六进制整数，每一位只能是 0, 1, …, 8, 9, a, …, f
>>> r
245
```

Python 支持任意大的数字，具体可以大到什么程度，理论上仅受内存大小的限制。例如：

```
>>> 9999999999 ** 20       # 这里 ** 是幂次方运算符
99999999800000000189999998860000000484499998449600000387599999222480000012596999
99983204000001847559999832040000012596999992248000000387599999844960000004844999999
8860000000189999999980000000000001
```

2. 浮点数

浮点数用来表示实数。例如：

```
>>> 3.12
3.12
```

```
>>> x = -3.12
>>> type(x)
<class 'float'>
>>> y = -3.14e-2                    # 相当于科学记数法 -3.14×10$^{-2}$
>>> type(y)
<class 'float'>
```

由于存在精度问题，对于浮点数运算可能会有一定的误差，应尽量避免在浮点数之间直接进行相等性测试，而应该以二者之差的绝对值是否足够小作为两个实数是否相等或相近的依据。

```
>>> 0.3 + 0.5                       # 实数相加
0.8
>>> 0.5-0.4                         # 实数相减，结果稍微有点偏差
0.09999999999999998
>>> 0.5-0.4 == 0.1                  # 应尽量避免直接比较两个实数是否相等
False
>>> abs(0.5 - 0.4- 0.1) < 1e-6      # 这里1e-6表示10$^{-6}$
True
```

3. 复数

Python 支持复数类型及其运算，并且形式与数学上的复数完全一致。例如：

```
>>> x = 3 + 4j                      # 使用j或J表示复数虚部
>>> y = 4 + 6j
>>> x + y                           # 支持复数之间的加、减、乘、除以及幂乘等运算
(7+10j)
>>> x * y
(-12+34j)
```

复数作为一个对象，可以通过 real 属性返回实部值、imag 属性返回虚部值，执行 conjugate() 方法得到其共轭复数。函数 abs() 可用来计算复数的模。例如：

```
>>> x = 3 + 4j                      # 使用j或J表示复数虚部
>>> x.real                          # 实部
3.0
>>> x.imag                          # 虚部
4.0
>>> x.conjugate()                   # 共轭复数
(3-4j)
>>> abs(x)                          # 计算复数的模
5.0
```

2.4.2 字符串类型

在 Python 中，没有字符类型，只有字符串类型的常量和变量，单个字符也是字符串。使用单引号、双引号、三个单引号、三个双引号作为定界符（delimiter）来表示字符串，并且不同的定界符之间可以互相嵌套。例如：

```
>>> x = 'ABC'                       # 使用单引号作为定界符
>>> x = "Hello World."              # 使用双引号作为定界符
>>> x = '''He said, "Let's go."'''  # 不同定界符之间可以互相嵌套
>>> print(x)
He said, "Let's go."
```

字符串可以进行连接运算,例如:

```
>>> x = 'Very ' + 'good'              # 连接两字符串
>>> x
'Very good'
>>> x = 'Very ''good'                 # 连接两字符串,仅适用于字符串常量
>>> x
'Very good'
>>> x = 'Very'
>>> x = x'good'                        # 不适用于字符串变量
SyntaxError: invalid syntax
>>> x = x + 'good'                     # 字符串变量之间的连接可以使用加号
>>> x
'Very good'
```

Python 3.x 全面支持中文,中文和英文字母都作为一个字符对待,甚至可以使用中文作为变量名。

除了支持使用加号运算符连接字符串以外,Python 字符串还提供了大量的方法支持格式化、查找、替换、排版等操作,这部分内容将在第 3 章介绍。

2.4.3 布尔类型

Python 支持布尔类型数据,布尔类型数据只有 True 和 False 两个值。实际上,它们分别用 1 和 0 表示。布尔类型数据可以进行逻辑与运算、或运算以及非运算。例如:

```
>>> True and True           # 与运算
True
>>> True and False
False
>>> False and True
False
>>> False and False
False
>>> True or True            # 或运算
True
>>> True or False
True
>>> False or True
True
>>> False or False
False
>>> not True                # 非运算
False
>>> not False
True
>>> 3 + True                # 逻辑值可以和数字相加减,True 为 1,False 为 0
4
>>> 3 - True
2
>>> not 0                   # 0 等价于 False
True
>>> not 1.2                 # 非 0 等价于 True
False
```

2.4.4 列表、元组、字典、集合

列表、元组、字典和集合是 Python 的容器对象，可以包含多个元素。它们是 Python 最具特色的数据类型，适合不同的应用场合。它们分别使用"[]""()""{}""{}"作为定界符。这里简单介绍一下它们的创建和简单的应用，详细介绍参考第 3 章。

例如：

```
>>> aList = [1,2,3]              #创建列表
>>> aTuple = (1,2,3)             #创建元组
>>> aDict = {'id':'01200101', 'name': ' 张三 ', 'sex':'女'}
                                 #创建字典，其中元素是"键：值"
>>> aSet = {1,2,3}               #创建集合
>>> print(aList[1])              #使用下标访问列表中第 2 个元素
2
>>> print(aTuple[2])             #使用下标访问元组中第 3 个元素
3
>>> print(aDict['name'])         #使用下标键访问字典键 'name' 的值
张三
>>> 2 in aSet                    #判断集合的元素
True
```

2.5 基本运算

Python 支持算术运算、位运算、比较运算、逻辑运算等。由操作对象及运算符连接而成的运算式构成表达式，单个常量或变量可以看作最简单的表达式。操作对象的数据类型决定能够进行相应的运算，所以在进行某一运算时，要注意操作对象的数据类型匹配问题，否则可能出错。

2.5.1 算术运算

算术运算操作的对象是数字类型，在数字的算术运算表达式求值时会进行隐式的类型转换，如果存在复数则都变成复数，如果没有复数但是有浮点数就都变成浮点数，如果都是整数则不进行类型转换。Python 中算术运算符的功能说明及举例见表 2-1。

表2-1 算术运算符的功能说明及举例

运算符	功能说明	例子
+	算术加法，正号	1+2得3；3.2+4得7.2；+3表示正3
-	算术减法，负号	2-1得1；3.2-4得-0.8；-2表示负2
*	算术乘法	2*3得6；3.5*2得7.0
/	除法	5/2得2.5；5.0/2.0得2.5
//	求整商，但如果操作数中有浮点数的话，结果为浮点数形式的整数	5//3得1；5.5//2得2.0
%	求余数	5%3得2；-5%2得1
**	幂运算	3**2得9

算术运算与数学中运算规则基本相同。运算符"//"表示求整商，"%"表示求余数。例如：

```
>>> 15 // 4                    # 如果两个操作数都是整数,结果为整数
3
>>> 15.0 // 4                  # 如果操作数中有浮点数,结果为浮点数形式的整数值
3.0
>>> -15 // 4                   # 向下取整
-4
>>> 5 % 3                      # 取余数,符号由除数决定,观察其绝对值变化
2
>>> -5 % 3
1
>>> -5 % -3
-2
>>> 5 % -3
-1
>>> 16.2 % 3.2                 # 可以对实数进行余数运算,注意精度问题
0.1999999999999984
>>> 3 ** 2                     #3 的 2 次方
9
>>> 9 ** 0.5                   #9 的 0.5 次方,即计算平方根
3.0
>>> (-9) ** 0.5                # 计算-9 的平方根,应为 0+3j,实际值有误差
(1.8369701987210297e-16+3j)
>>> -9 ** 0.5                  # 计算 9 的平方根的负值
-3.0
```

算术运算符与"="连用,构成增量赋值运算符:-=、+=、/=、*=、%=、//=、**=。

2.5.2 位运算

位运算适合于整数,解决二进制位的运算问题。Python 中位运算符的功能说明及举例见表 2-2。

表 2-2 位运算符的功能说明及举例

运算符	功能说明	例子
|	位或	3|5 得 7
^	位异或	3^5 得 6
&	位与	3&5 得 1
<<	左移位	16<<2 得 64
>>	右移位	16>>2 得 4
~	位求反	~3 得-4

将十进制整数转换为 8、16 位等(根据值的大小)二进制数,然后进行位运算。例如:

```
>>> 3 | 5          #3 为 00000011,5 为 00000101,按位或,得到 00000111,即 7
7
>>> 5 | 258        #5 为 00000000 00000101,258 为 00000001 0000 0010,按位或
263
>>> 3 ^ 5          #3 为 00000011,5 为 00000101,按位异或,得到 00000110,即 6
6
>>> 3 & 5          #3 为 00000011,5 为 00000101,按位与,得到 00000001,即 1
1
>>> 3 << 2         #3 为 00000011,向左移 2 位,尾部补零,得到 00001100,即 12
12
>>> 3 >> 2         #3 为 00000011,向右移 2 位,高位补零,得到 00000000,即 0
```

```
0
>>> ~ 1              #1为00000001,取反,得到11111110,补码表示的值为-2
-2
>>> ~ -2
1
```

位运算符与"="连用,构成增量赋值运算符:<<=、>>=、&=、^=、|=。

2.5.3 比较运算

比较运算用于比较两个对象的大小,结果为逻辑值 True 或 False。Python 中比较运算符的功能说明及举例见表 2-3。

表2-3 比较运算符的功能说明及举例

运算符	功能说明	例子
<	小于	1 < 2
<=	小于或等于	100 <= 120
>	大于	"xyz" > "zyx"
>=	大于或等于	x >= 10, x为变量
==	等于	"abc" = "abc"
!=	不等于	x != y, x和y为变量

比较运算可以进行数值大小、字符串大小的比较,也可以进行列表、元组、集合的比较(在第 3 章中介绍)。例如:

```
>>> 2 == 2.0
True
>>> 5 > 4
True
>>> 3.14 <= 3.1415
True
>>> "abc" == "ab"
False
>>> "abc" >= "ab"
True
>>> "abc" >= "acb"      # 字符串比较时,自左向右,逐位比较,依ASCII值大小决定
False
```

Python 支持连续不等式,涵盖了数学中连续不等式的习惯。例如:

```
>>> 2 < 5 < 7           # 等价于 2 < 5 and 5 < 7
True
>>> 2 < 5 <= 1          # 等价于 2 < 5 and 5 <= 1
False
>>> 3 < 5 > 2           # 等价于 3 < 5 and 5 > 2,突破了数学中的习惯
True
```

2.5.4 逻辑运算

逻辑运算常用来连接比较表达式,构成更加复杂的表达式,以实现较为复杂的逻辑。Python 中逻辑运算符的功能说明及举例见表 2-4。

表2-4 逻辑运算符的功能说明及举例

运算符	功能说明	例子
not	非	not x
and	与	x and y
or	或	x or y

逻辑运算的结果一般是布尔值，逻辑运算的优先级依次为非运算、与运算和或运算。例如：

```
>>> x,y = 3,8
>>> x > y
False
>>> not x > y
True
>>> x > 2 and y > 6
True
>>> x > 5 or  y > 9
False
```

逻辑运算 and 和 or 具有惰性求值或逻辑短路的特点。当连接多个表达式时只计算必须要计算的值，而且运算符 and 和 or 并不一定会返回 True 或 False，而是得到最后一个被计算的表达式的值。例如：

```
>>> 3 > 4 and z > 3        # 变量 z 没定义，因为 3>4 的值为 False，后面的式子不再计算
>>> 3 > 4 or z > 3         #3>4 的值为 False，所以需要计算后面表达式，出错
NameError: name 'z' is not defined
>>> 3 < 4 or z > 3         #3<4 的值为 True，不需要计算后面表达式
True
>>> 3 and 5                # 最后一个计算表达式的值作为整个表达式的值，3 作为逻辑 True 看待
5
>>> 3 and 5>2
True
>>> 3<4 and print("aaa")   #3<4 的值为 True，执行后面的表达式
aaa
>>> 3<4  or  print("aaa")  #3<4 的值为 True，不需要执行后面的表达式
True
```

2.5.5 成员运算

成员运算用于判断一个对象是否包含另一个对象，成员运算符的功能说明及举例见表 2-5。

表2-5 成员运算符的功能说明及举例

运算符	功能说明	例子
in	判断对象是否包含于另一对象，返回逻辑值	x in y
not in	判断对象是否不包含于另一对象，返回逻辑值	x not in y

例如：

```
>>> 2 in [1,2,3,4,5]            # 列表成员判断
True
```

```
>>> '2' in '12345'              # 字符串成员判断
True
>>> 2 in (1,2,3,4,5)            # 元组成员判断
True
>>> 'abc' in 'abcdef'           # 字母字符串成员判断
True
>>> 6 in [1,2,3,4,5]
False
>>> 6 not in [1,2,3,4,5]        # 列表成员判断
True
```

2.5.6 身份运算

身份运算用于判断两个量是否引用同一个对象（相同内存空间），身份运算符的功能说明及举例见表 2-6。

表2-6 身份运算符的功能说明及举例

运算符	功能说明	例子
is	判断两个量是否引用同一对象，返回逻辑值	x is y
is not	判断两个量是否不是引用同一对象，返回逻辑值	x is not y

例如：

```
>>> a=3.2
>>> b=3.2
>>> c=a
>>> a is b              # 虽然a,b值相同，但引用的是不同的内存空间
False
>>> a is c              #a,c引用的是相同的内存空间
True
>>> id(a)               # 返回a的标识，即a内存的地址
4043440
>>> id(b)               # 返回b的标识，即b内存的地址
49287056
>>> id(c)               # 返回c的标识，即c内存的地址
4043440
>>> a == b
True
>>> a == c
True
>>> c=5.6               #c重新赋值，指向另一个内存的地址
>>> id(c)
52903376
>>> a is c
False
```

is 和 == 的区别是：is 用于判断两个变量引用的对象是否为同一个内存空间，== 用于判断两个变量的值是否相等。但是，对于小整数、字符串则有不同的表现。小整数和字符串是不可变对象，Python 为了提高存储效率，对于相同的小整数和字符串不再重复地分配存储空间。例如：

```
>>> x=2
>>> y=2                  #y赋值为2,与x相同,不再分配内存空间,而指向x的内存空间
>>> z=x
>>> x is y
True
>>> x is z
True
>>> id(x)
8791203021104
>>> id(y)
8791203021104
>>> id(z)
8791203021104
>>> x='abc'
>>> y='abc'              #y赋值与x相同,不再分配内存空间,指向x的内存空间
>>> x is y
True
>>> id(x)
4673200
>>> id(y)
4673200
>>> 'abc' is x           #常量abc与x相同,不再分配内存空间
True
```

2.5.7 运算符的优先级

在一个复杂的表达式中,由不同的运算符将多种类型数据连接起来,运算符运算的先后次序不同,结果可能不同甚至出错,所以必须规定运算的优先次序。Python 语言运算符优先级遵循的规则为:算术运算符优先级最高,其次是位运算符、成员测试运算符、关系运算符、逻辑运算符等,算术运算符遵循"先乘除,后加减"的基本运算原则。运算符的优先级见表2-7。

表2-7 运算符的优先级(从高到低)

运 算 符	说 明
**	幂
~ + -	单目运算,按位取反、正、负
* / % //	乘、除、取模和取整除
+ -	加、减
>> <<	右移位、左移位
&	按位与
^	按位异或
|	按位或
< <= != > >= ==	小于、小于或等于、不等于、大于、大于或等于、等于
= %= /= -= += *= **=	赋值运算符
is is not	身份运算符
in not in	成员运算符
not and or	逻辑运算符

运算符优先级的示例如下：

```
>>> 2+1*4
6
>>> 2*2**3
16
>>> 1+2*-3
-5
>>> 3<<2+1                                      # 先加，后移位
24
>>> (3<<2)+1                                    # 先移位，后加
13
>>> 3 < 2 and 2<1 or 5>4
True
>>> ( 3 < 2 ) and ( 2 < 1 ) or ( 5 > 4 )        # 加括号，增加可读性
True
```

虽然 Python 运算符有一套严格的优先级规则，但是建议在编写复杂表达式时使用圆括号来明确说明其中的逻辑以提高代码可读性。

2.6 函数与模块

程序设计中的函数类似于数学中的函数，但又比数学函数宽泛。如 sin()、cos() 与数学函数意义相同，而 type()、int() 等函数就是程序设计中特有的。通常将一些功能相对独立的或经常使用的操作或运算抽象出来，定义为函数。这些函数可以被重复使用，提高了效率、增强了程序的可读性。使用函数时只需要考虑其功能及调用方法（主要是函数参数的意义）即可。

Python 中的函数包括内置函数、标准库函数、第三方库函数和用户自定义函数。下面介绍内置函数及标准库函数的使用。

2.6.1 内置函数

内置函数（built-in functions，BIF）是 Python 内置对象类型之一，不需要额外导入任何模块即可直接使用，这些内置对象都封装在内置模块 __builtins__ 中，用 C 语言实现并且进行了大量优化，具有非常快的运行速度，推荐优先使用。使用内置函数 dir() 可以查看所有内置函数和内置对象，例如：

```
>>> dir(__builtins__)
['ArithmeticError', 'AssertionError', 'AttributeError', 'BaseException', 'Blocking
IOError', 'BrokenPipeError', 'BufferError', 'BytesWarning', 'ChildProcess Error',
'ConnectionAbortedError', 'ConnectionError', 'ConnectionRefusedError', 'Connection
ResetError', 'DeprecationWarning', 'EOFError', 'Ellipsis', 'Environment Error',
'Exception', 'False', 'FileExistsError', 'FileNotFoundError', 'Floating PointError',
'FutureWarning', 'GeneratorExit', 'IOError', 'ImportError', 'Import Warning',
'IndentationError', 'IndexError', 'InterruptedError', 'IsADirectory Error', 'KeyError',
'KeyboardInterrupt', 'LookupError', 'MemoryError', 'ModuleNot FoundError', 'NameError',
'None', 'NotADirectoryError', 'NotImplemented', 'Not ImplementedError', 'OSError',
'OverflowError', 'PendingDeprecationWarning', 'PermissionError', 'ProcessLookupError',
'RecursionError', 'ReferenceError', 'ResourceWarning', 'RuntimeError', 'RuntimeWarning',
'StopAsyncIteration', 'Stop Iteration', 'SyntaxError', 'SyntaxWarning', 'SystemError',
```

```
'SystemExit', 'TabError', 'TimeoutError', 'True', 'TypeError', 'UnboundLocalError',
'Unicode DecodeError', 'UnicodeEncodeError', 'UnicodeError', 'UnicodeTranslate Error',
'Unicode Warning','UserWarning', 'ValueError', 'Warning', 'WindowsError', 'ZeroDivisionError',
'_', '__build_class__','__debug__', '__doc__', '__import__', '__loader__', '__
name__', '__package__', '__spec__', 'abs', 'all', 'any', 'ascii', 'bin', 'bool',
'breakpoint', 'bytearray', 'bytes', 'callable', 'chr', 'classmethod', 'compile',
'complex', 'copyright', 'credits', 'delattr', 'dict', 'dir', 'divmod', 'enumerate',
'eval', 'exec', 'exit', 'filter', 'float', 'format', 'frozenset', 'getattr', 'globals',
'hasattr', 'hash', 'help', 'hex', 'id', 'input', 'int', 'isinstance', 'issubclass',
'iter', 'len', 'license', 'list', 'locals', 'map', 'max', 'memoryview', 'min',
'next', 'object', 'oct', 'open', 'ord', 'pow', 'print', 'property', 'quit', 'range',
'repr', 'reversed', 'round', 'set', 'setattr', 'slice', 'sorted', 'staticmethod',
'str', 'sum', 'super', 'tuple', 'type', 'vars', 'zip']
```

使用 help(函数名) 可以查看某个函数的用法。例如：

```
>>> help(sum)
Help on built-in function sum in module builtins:

sum(iterable, start=0, /)
    Return the sum of a 'start' value (default: 0) plus an iterable of numbers

    When the iterable is empty, return the start value.
    This function is intended specifically for use with numeric values and may
    reject non-numeric types.
```

Python 的内置函数很多，这里首先介绍部分基本函数的应用，其他函数后续内容中再做介绍。

1. 数字类函数

内置函数 abs()、round()、int() 分别用来实现求绝对值、四舍五入和取整功能。例如：

```
>>> abs(-3.14)          # 求绝对值
3.14
>>> round(3.14)         # 四舍五入
3
>>> round(1234.5678,2)  # 四舍五入，保留 2 位小数
1234.57
>>> round(1234.5678,0)
1235.0
>>> round(1234.5678,-1) # 四舍五入，保留十位的精度
1230.0
>>> round(5.5)          # 相当于 round(5.5,0)，四舍五入，保留整数
6
>>> round(6.51)         # 相当于 round(6.51,0)，四舍五入，保留整数
7
>>> round(6.5)          # 特例，当小数部分为 0.5 时，若整数部分为偶数，舍弃小数
6
>>> int(3.5)            # 取整，舍弃小数
3
```

2. 数字类型转换函数

内置函数 bin()、oct()、hex() 用来将整数转换为二进制、八进制和十六进制形式，这三个函

数都要求参数必须为整数,结果为字符串。例如:

```
>>> bin(129)              # 把数字转换为二进制串
'0b10000001'
>>> oct(129)              # 转换为八进制串
'0o201'
>>> hex(253)              # 转换为十六进制串
'0xfd'
```

内置函数 float() 用来将其他类型数据转换为实数,complex() 函数可以用来生成复数。例如:

```
>>> float(2)              # 把整数转换为实数
2.0
>>> float('2.5')          # 把数字字符串转换为实数
2.5
>>> float('inf')          # 无穷大,其中 inf 表示无穷大,不区分大小写
inf
>>> complex(2)            # 指定实部
(2+0j)
>>> complex(2, 3)         # 指定实部和虚部
(2+3j)
```

3. 字符与编码转换函数

ord() 和 chr() 是一对功能相反的函数,ord() 函数用来返回单个字符的 Unicode 码,而 chr() 函数则用来返回 Unicode 编码对应的字符。例如:

```
>>> ord('a')              # 查看指定字符的 Unicode 编码
97
>>> ord('中')             # 这个用法仅适用于 Python 3.x
20013
>>> chr(65)               # 返回数字 65 对应的字符
'A'
>>> chr(ord('A')+1)       #Python 不允许字符串和数字之间的加法操作
'B'
>>> chr(ord('国')+1)      # 支持中文
'图'
```

4. 数字与字符串转换函数

str() 函数可以将数值转换成字符串,eval() 函数可以将字符串转换成数值。例如:

```
>>> str(1234.5)           # 将数值转换成字符串
'1234.5'
>>> eval('1234.5')        # 把数字字符串转换成数值
1234.5
```

实际上,str() 函数也可将其他类型转换成字符串,eval() 函数还可以用来计算字符串表达式的值,而且在有些场合也可以用来实现类型转换的功能。例如:

```
>>> str([1,2,3])
'[1, 2, 3]'
>>> str((1,2,3))
'(1, 2, 3)'
>>> str({1,2,3})
'{1, 2, 3}'
```

```
>>> eval('1+2')
3
>>> eval('9')                    # 把数字字符串转换为数字
9
>>> eval(str([1, 2, 3, 4]))      # 列表转换成字符串后,再由eval()函数转换成列表
[1, 2, 3, 4]
```

5. 判断数据类型

内置函数 type() 和 isinstance() 可以用来判断数据类型,常用来对函数参数进行检查,可以避免错误的参数类型导致函数崩溃或返回意料之外的结果。例如:

```
>>> type(3)                      # 查看3的类型
<class 'int'>
>>> type([3])                    # 查看[3]的类型
<class 'list'>
>>> type({3}) in (list, tuple, dict)
                                 # 判断{3}是否为list、tuple或dict类型的实例
False
>>> type({3}) in (list, tuple, dict, set)
                                 # 判断{3}是否为list、tuple、dict或set的实例
True
>>> isinstance(3, int)           # 判断3是否为int类型的实例
True
>>> isinstance(3j, int)
False
>>> isinstance(3j, (int, float, complex))
                                 # 判断3是否为int、float或complex类型
True
```

6. range() 函数

range() 是 Python 开发中常用的一个内置函数,语法格式为 range([start,] end [, step]),有 range(end)、range(start, end) 和 range(start, end, step) 三种用法。该函数返回具有惰性求值特点的 range 对象,其中包含左闭右开区间 [start,end) 内以 step 为步长的整数。参数 start 的默认值为 0,step 的默认值为 1。例如:

```
>>> range(10)                    #start的默认值为0,step的默认值为1
range(0, 10)
>>> list(range(10))
[0, 1, 2, 3, 4, 5, 6, 7, 8, 9]
>>> list(range(1, 10, 2))        # 指定起始值和步长
[1, 3, 5, 7, 9]
>>> list(range(9, 0, -2))        # 步长为负数时,start应比end大
[9, 7, 5, 3, 1]
```

2.6.2 模块函数

上面介绍的内置函数是 Python 的基本或核心模块,Python 启动时自动加载了这些模块,所以可以直接使用其中的内置函数。

Python 还提供了许多标准模块(库),如数学模块 math、随机数模块 random、日期时间模块 datetime、操作系统模块 os 等,它们都包括大量的相关函数和常量。使用时,首先需要导入

加载标准模块，然后才能调用其中的函数。

同时，Python 还有强大的第三方扩展库，如科学计算 SciPy、数组矩阵计算 NumPy、机器学习 TensorFlow 等。使用时，需提前下载安装，然后就如标准模块一样使用。

Python 标准库、扩展库中对象的导入方式如下：

```
import 模块名 [as 别名]
```

或

```
from 模块名 import 对象名 [as 别名]
```

或

```
from 模块名 import *
```

下面以数学模块 math、随机数模块 random、操作系统模块 os、数组矩阵计算 numpy 为例介绍标准模块的使用方法（具体函数的使用在第 5 章介绍）。

1. import 模块名 [as 别名]

使用 "import 模块名 [as 别名]" 方式导入模块后，要在对象（如函数、常量等）前加上模块名，以 "模块名.对象名" 的形式使用。模块名也可以更换为指定的别名。例如：

```
>>> import math                              # 导入标准库 math
>>> math.sin(1)                              # 求 1（单位是弧度）的正弦
0.8414709848078965
>>> math.pi                                  # 获取常量 π
3.141592653589793
>>> import random                            # 导入标准库 random
>>> n1 = random.random()                     # 生成 [0,1) 内的随机小数
>>> n1
0.23042750569435222
>>> n2 = random.randint(1,100)               # 生成 [1,100] 区间上的随机整数
>>> n3 = random.randrange(1, 100)            # 生成 [1,100) 区间中的随机整数
>>> import os.path as path                   # 导入标准库 os.path，并设置别名为 path
>>> path.isfile(r'C:\windows\notepad.exe')   # 判断文件是否存在
True                                         # 其中 r' 开头的字符串为原始字符串
>>> import numpy as np                       # 导入第三方扩展库 numpy，并设置别名为 np
>>> arr = np.array((1,2,3,4,5,6,7,8))        # 通过模块的别名访问其中的对象
>>> arr
array([1, 2, 3, 4,5,6,7,8])
>>> print(arr)
[1 2 3 4 5 6 7 8]
```

调入模块后，可以使用 dir(模块名) 查看模块中所包含的函数及常量等。import 语句也可一次导入多个模块，但一般建议每个 import 语句只导入一个模块，且遵循标准库、扩展库和自定义库的顺序进行导入。

2. from 模块名 import 对象名 [as 别名]

使用 "from 模块名 import 对象名 [as 别名]" 方式明确导入模块中的指定对象，可以省去模块名，直接使用对象。这样能够提高程序的效率，同时也减少输入的代码量。例如：

```
>>> from math import sin                     # 只导入模块中的指定对象
>>> sin(1)
0.8414709848078965
```

```
>>> from math import sin as f          #给导入的对象起个别名
>>> f(1)
0.8414709848078965
>>> from os.path import isfile
>>> isfile(r'C:\windows\notepad.exe')   #判断磁盘上文件是否存在
True
```

3. from 模块名 import *

使用"from 模块名 import *"方式可以导入模块中的所有对象。这种方式导入，模块中的对象也可以直接使用。例如：

```
>>> from math import *                  #导入标准库 math 中的所有对象
>>> cos(1)                              #求余弦值
0.5403023058681398
>>> pi                                  #常数 π
3.141592653589793
>>> log2(3)                             #计算以 2 为底的对数值
1.584962500721156
>>> log10(3)                            #计算以 10 为底的对数值
0.47712125471966244
```

2.7 基本输入 / 输出

在例 2-1 中，已接触了 Python 的输出功能。实际上 Python 的输入 / 输出功能是由内置函数功能实现的。本节介绍 Python 的输入 / 输出操作。

2.7.1 使用input()函数输入

input() 函数用于获取用户键盘输入的数据。其语法格式为：

```
input(["提示字符串"])
```

执行时，显示"提示字符串"，等待用户键盘输入，输入完成时以【Enter】键结束。输入的内容以字符串类型作为 input() 函数返回值。必要时可以使用内置函数 int()、float() 或 eval() 对用户输入的内容进行类型转换。语法中"提示字符串"可以省略。例如：

```
>>> a = input("请输入数据")             #100 作为字符串赋给了变量 a
请输入数据100
>>> b = int(a) + 10                    #将 a 转换成整数再相加，否则出错
>>> print(a, b)
100 110
>>> print(type(a),type(b))             #输出 a 的类型为字符串，b 的类型为整数
<class 'str'> <class 'int'>
>>> b = int(input("请输入数据")) + 10   #input() 函数直接出现在表达式中
请输入数据100
>>> print(b)
110
>>> x = input("请输入学习的语言")       #输入字符串时，不需加引号
请输入学习的语言 Python
>>> x
'Python'
>>> print(x)
```

```
Python
>>> y = input("请输入数据")              # 输入带引号时，引号作为字符串的一部分
请输入数据"abc"123456
>>> y
'"abc"123456'
>>> print(y)
"abc"123456
>>> int(y)+1                            # 不能转换成整数的字符串转换时出错
Traceback (most recent call last):
    File "<pyshell#90>", line 1, in <module>
        int(y)+1
ValueError: invalid literal for int() with base 10: '"abc"123456'
```

2.7.2 使用print()函数输出

print() 函数用于输出数据，可以输出到标准控制台或指定文件，其语法格式为：

```
print([value1, value2, ...][, sep=' '][, end='\n'][, file=sys.stdout])
```

函数参数中，各参数的含义如下：

（1）value1，value2，…表示要输出的对象，可以是多个，也可以一个都没有。
（2）sep 参数用于指定对象输出时之间的分隔符，默认为空格，也可指定其他字符。
（3）end 参数用于指定输出结尾符，默认值为 \n，表示按【Enter】键。
（4）file 表示输出位置，默认值为 sys.stdout，即标准控制台，也可指定输出到文件中。

前面已使用过了 print() 函数，下面给出其他 print() 函数的典型应用。例如：

```
>>> print()                             # 只输出默认的 end 参数回车，即空行
>>> print(1, 3, 5, 7)                   # 默认分隔符为一个空格
1 3 5 7
>>> print(1, 3, 5, 7, sep='\t')         # 修改分隔符为 tab
1   3   5   7
>>> for i in range(5):                  # 循环5次
        print(i)                        # 默认输出一次，回车一次
0
1
2
3
4
>>> for i in range(5):
        print(i, end=' ')               # 修改 end 参数为空格，每个输出之后不换行
0 1 2 3 4
```

print() 函数还支持类似 C 语言的格式化输出形式，这部分内容在第 3 章中介绍。

小　结

本章通过一个简单的程序例子介绍 Python 程序的基本组成，并进一步介绍 Python 程序的编写规范以及 Python 的变量、表达式、数据类型、基本运算、函数等基本内容。具体内容包括：

Python 程序编写规则和规范：介绍了程序中注释、代码块的缩进、语句的续行、多语句行、标识符大小写敏感等语法规则及增加程序的可读性的编程规范。

Python 变量、表达式和赋值语句：介绍了 Python 内置对象、变量、表达式及变量的多种赋值方式。

Python 数据类型：介绍了 Python 内置对象的数据类型及表示方法，包括数字类型、字符串、布尔型等常规数据类型以及具有 Python 特色的列表、元组、字典和集合数据类型。

Python 基本运算：介绍了 Python 算术运算、位运算、比较运算、逻辑运算、成员运算、身份运算符及其使用方法以及表达式运算符的优先级。

Python 函数与模块：Python 中的函数包括内置函数、标准库函数、第三方库函数和用户自定义函数，介绍了 Python 内置函数的使用方法以及 Python 标准库模块、第三方库模块的导入方法及使用。

Python 基本输入/输出：Python 的输入/输出功能由内置函数功能实现，分别介绍了 input() 函数、print() 函数的基本用法。

习　题

1. 简述 Python 的常用数据类型。
2. 简述 Python 的增量赋值运算符种类，并举例说明其功能。
3. 试给出 Python 中两个变量交换值的几种方法。
4. 如何查看 Python 中的关键字？上机验证。
5. 试改写例 2-1，通过 input() 函数输入一个整数 n，实现 $1 \sim n$ 整数的累加和。

第3章 序列

Python中提供了内置的字符串、列表、元组、字典、集合等数据类型,用于存储大量不同应用需求的数据,可以通过内置函数、对象的方法快捷地解决应用问题,大幅提高软件开发的效率。本章将学习这些数据类型及其用法。

3.1 序列概述

Python序列属于容器类结构,序列中包括诸多元素,用于存储大量的数据。常用的序列有字符串、列表、元组、字典、集合等(有些作者认为序列仅仅是指字符串、列表和元组,而不包括字典和集合)。序列可以分为有序序列和无序序列,有序序列是指序列的元素可以用索引号(或下标)来标识,如字符串、列表、元组为有序序列,而字典、集合为无序序列。从元素是否可以更改的角度出发,序列又可以分为可变序列和不可变序列,如列表、字典、集合为可变序列,而字符串、元组为不可变序列。序列的分类如图3-1所示。

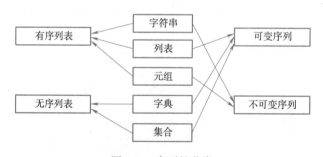

图3-1 序列的分类

序列中的元素可以通过for循环语句进行遍历,依次访问其中的每一个元素,称为迭代。例如:

```
>>> s = 'abcd'
>>> for x in s:                    # 字符串遍历
        print(x,end = ' ')

a b c d
>>> aList = [1,2,3,4,5]
>>> for x in aList:                # 列表遍历
        print(x,end = '\t')

1   2   3   4   5
```

能够进行迭代的对象,称为可迭代对象,所以序列都是可迭代对象。另外,range()、zip()、enumerate()等函数对象也部分支持类似于序列的操作,也是可迭代对象。

对于序列,Python 提供了一些共同的访问方法及内置处理函数。下面首先讨论这些共性的操作方法,而各序列特有的操作在后续章节中分别介绍。

3.1.1 索引

序列对象可以由多个元素组成,有序序列中每个元素都可以通过索引(下标)进行访问,其格式为:

序列[index]

其中,index 为下标,可以使用整数作为下标来访问其中的元素。0 表示第 1 个元素,1 表示第 2 个元素,2 表示第 3 个元素,依此类推。有序序列还支持使用负整数作为下标,-1 表示最后一个元素,-2 表示倒数第二个元素,-3 表示倒数第三个元素,依此类推。字符串 "Python" 各元素对应的索引号如图 3-2 所示。

	P	y	t	h	o	n
正向索引号:	0	1	2	3	4	5
反向索引号:	-6	-5	-4	-3	-2	-1

图 3-2 双向索引示意图

例如:

```
>>> xStr='Python'
>>> xStr[0]                #返回索引号为 0 的字符串元素,即第 1 个元素
'P'
>>> xStr[5]                #返回索引号为 5 的字符串元素
'n'
>>> xStr[-1]               #返回索引号为 -1 的字符串元素,即最后一个元素
'n'
>>> xStr[-4]               #返回索引号为 -4 的字符串元素
't'
```

列表、元组也可以通过索引(下标)进行访问,例如:

```
>>> xList=['Jan.','Feb.','Mar.','Apr.','May.','Jun.','Jul.','Aug.','Sept.', 'Oct.','Nov.','Dec.']
>>> xList[0]               #返回索引号为 0 的列表元素,即第 1 个元素
'Jan.'
>>> xList[11]
'Dec.'
>>> xList[12]              #索引号超出范围,报错
Traceback (most recent call last):
  File "<pyshell#292>", line 1, in <module>
    xList[12]
IndexError: list index out of range
>>> xList[-1]
'Dec.'
>>> xList[-12]
'Jan.'
```

3.1.2 切片

有序序列可以通过索引访问某一元素外，还可以通过切片操作访问多个元素，只要指出切片的索引范围和步长即可。其语法格式为：

序列[start:end:step]

其中，start 参数表示切片开始位置，默认值为 0；end 参数表示切片截止位置，默认为序列长度，访问的元素并不包含 end 上的元素；step 参数表示切片的步长，默认值为 1。

当 start 为 0 时可以省略，当 end 为序列长度时可以省略，当 step 为 1 时可以省略，省略步长时还可以同时省略最后一个冒号。

当 step 为负整数时，表示反向切片，这时 start 应该在 end 的右侧才行。

使用切片可以返回序列中部分元素组成的新序列。与使用索引作为下标访问序列元素的方法不同，切片操作不会因为下标越界而出错，而是简单地在序列尾部截断或者返回一个空序列，代码具有更强的健壮性。

字符串、列表和元组都可以进行切片操作，方法相同。下面以字符串、列表为例介绍切片的使用方法。

```
>>> xStr = 'Python'
>>> xStr[0:3]              # 指定切片的开始和结束位置，注意并不包括 3 位置上的元素
'Pyt'
>>> xStr[::-1]             # 返回包含原字符序列的逆序
'nohtyP'
>>> aList = [1, 2, 3, 4, 5, 6,7,8]
>>> aList[3:7]             # 指定切片的开始和结束位置
[4, 5, 6, 7]
>>> aList[::]              # 返回包含原序列中所有元素的新序列
[1, 2, 3, 4, 5, 6, 7, 8]
>>> aList[::-1]            # 返回包含原序列中所有元素的逆序序列
[8, 7, 6, 5, 4, 3, 2, 1]
>>> aList[::2]             # 隔一个取一个，获取偶数位置的元素
[1, 3, 5, 7]
>>> aList[1::2]            # 隔一个取一个，获取奇数位置的元素
[2, 4, 6, 8]
>>> aList[0:10]            # 切片结束位置大于序列长度时，从序列尾部截断
 [1, 2, 3, 4, 5, 6, 7, 8]
>>> aList[10]              # 出错，不允许越界访问
Traceback (most recent call last):
    File "<pyshell#330>", line 1, in <module>
        aList[10]
IndexError: list index out of range
>>> aList[10:]             # 切片开始位置大于序列长度时，返回空序列
[]
>>> aList[-15:3]           # 进行必要的截断处理
[1,2,3]
>>> aList[3:-7:-1]         # 位置 3 在位置 -7 的右侧，-1 表示反向切片
[4, 3]
>>> aList[3:-2]            # 位置 3 在位置 -2 的左侧，正向切片
[4, 5, 6]
```

3.1.3 重复

字符串、列表、元组序列可以自我复制,其语法格式如下:

```
sequence * n
```

其中,n 为整数,表示复制的次数。例如:

```
>>> 'Python' * 2                        #字符串复制 2 次
'PythonPython'
>>> ['Jan.','Feb.','Mar.'] * 3          #列表复制 3 次
['Jan.', 'Feb.', 'Mar.', 'Jan.', 'Feb.', 'Mar.', 'Jan.', 'Feb.', 'Mar.']
>>> (1,2,3) *4                          #元组复制 4 次
(1, 2, 3, 1, 2, 3, 1, 2, 3, 1, 2, 3)
>>> aList = ['Jan.','Feb.','Mar.']
>>> aList * 2                           #列表复制 2 次,输出新的列表
['Jan.', 'Feb.', 'Mar.', 'Jan.', 'Feb.', 'Mar.']
>>> aList                               #原列表不变
['Jan.', 'Feb.', 'Mar.']
```

3.1.4 连接

两个同类型的有序序列通过"+"运算符进行连接,生成更长的新序列。例如:

```
>>> 'Python' + ' ' + 'Language'         #3 个字符串相连接
'Python Language'
>>> (1,2,3) + (4,5,6)                   #2 个元组相连接
(1, 2, 3, 4, 5, 6)
>>> aList = ['Jan.', 'Feb.', 'Mar.']
>>> aList + ['Apr.','May.','Jun.']      #列表变量与列表常量相连接
['Jan.', 'Feb.', 'Mar.', 'Apr.', 'May.', 'Jun.']
>>> aList + 'Python'                    #列表与字符串连接,出错
Traceback (most recent call last):
    File "<pyshell#354>", line 1, in <module>
        aList + 'Python'
TypeError: can only concatenate list (not "str") to list
```

不同类型有序序列转换为相同类型后才能进行连接操作。

3.1.5 序列类型转换内置函数

不同序列通过内置函数可以相互转换,序列类型转换内置函数的功能见表 3-1。

表 3-1 序列类型转换内置函数的功能

函　　数	函数功能
list	将可迭代对象转换成列表
tuple	将可迭代对象转换成元组
str	将对象转换成字符串

例如:

```
>>> list('Python Language!')
['P', 'y', 't', 'h', 'o', 'n', ' ', 'L', 'a', 'n', 'g', 'u', 'a', 'g', 'e', '!']
>>> tuple( 'Python Language!' )
```

```
('P', 'y', 't', 'h', 'o', 'n', ' ', 'L', 'a', 'n', 'g', 'u', 'a', 'g', 'e', '!')
>>> aList = ['Jan.', 'Feb.', 'Mar.']
>>> tuple(aList)
('Jan.', 'Feb.', 'Mar.')
>>> list((1,2,3))
[1, 2, 3]
>>> str((1, 2, 3, 4))
'(1, 2, 3, 4)'
>>> >>> str([1, 2, 3, 4])
'[1, 2, 3, 4]'
>>> list(str([1, 2, 3, 4]))                  # 字符串中每个字符都变为列表中的元素
['[', '1', ',', ' ', '2', ',', ' ', '3', ',', ' ', '4', ']']
```

3.1.6 序列其他内置函数

对于序列，Python 还提供了其他一些常用的内置函数，其功能见表 3-2。

表 3-2 序列其他常用内置函数的功能

函 数	函数功能
len(seq)	返回指定对象的长度（包含的项数）
sorted(iter,key,reverse)	返回一个排序后的列表，其中的元素来自iter。可选参数key可以指定排序的方式，reverse排序的正、反方向
reversed(seq)	返回一个反向迭代序列的迭代器
sum(iter,start)	计算数字序列中所有元素的总和，再加上可选参数start的值（默认值为零），然后返回结果
max(iter,*[, key, default])或 max(object1, [object2, ...][, key])	返回迭代对象的最大值，或者是若干迭代对象中最大值的那个迭代对象
min(iter,*[, key, default])或 min(object1, [object2, ...][, key])	返回迭代对象的最小值，或者是若干迭代对象中最小值的那个迭代对象
enumerate(iter[,start])	返回一个元组迭代器，该迭代器的元素是由参数iter元素的索引和值组成的元组
zip(iter1[,iter2[...])	返回一个元组迭代器，其中每个元组都包含提供序列的相应项。返回的元组与提供的最短序列等长

下面按功能类别介绍部分函数的使用方法。

1. 最值与求和

max()、min()、sum() 内置函数分别用于计算列表、元组或其他包含有限个元素的可迭代对象中所有元素最大值、最小值以及所有元素之和。sum() 支持包含数值型元素的序列或可迭代对象作为参数，max() 和 min() 则要求序列或可迭代对象中的元素之间可比较大小。对于字典类型，是计算字典键的最值及和。例如：

```
>>> max([1,2,3,4,5])
5
>>> max(['2','123','13'])            # 比较列表中元素的大小
'2'
>>> min(['2','123','13'])
'123'
>>> sum([1,2,3,4,5])                 # 数值型元素之和
15
>>> sum([1,2,3,4,5],2)               # 数值型元素之和，再加上2
17
```

```
>>> sum(range(0,6))
15
```

函数 max() 和 min() 还支持 default 参数和 key 参数，其中 default 参数用来指定可迭代对象为空时默认返回的最大值或最小值，而 key 参数用来指定比较大小的依据或规则，可以是函数或 lambda 表达式（lambda 表达式参见第 5 章内容）。例如：

```
>>> max(['2','123','13'], key=len)          # 比较列表中元素的字符串长度
'123'
>>> min(['2','123','13'], key=len)
'2'
>>> print(max([], default=None))            # 对空列表求最大值，返回空值 None
None
```

2. 排序

sorted() 函数可对列表、元组、字典、集合或其他可迭代对象进行排序并返回新列表，原列表不变，参数 key 指定排序规则，其用法与 max()、min() 函数的 key 参数相同。reversed() 函数对可迭代对象（生成器对象和具有惰性求值特性的 zip、enumerate 等类似对象除外）进行翻转（首尾交换）并返回可迭代的 reversed 对象。例如：

```
>>> Lst = [6, 0, 1, 7, 4, 3, 2, 8, 5, 10, 9]
>>> sorted(Lst)                              # 以默认规则排序
[0, 1, 2, 3, 4, 5, 6, 7, 8, 9, 10]
>>> sorted(Lst, key=str)                     # 按转换成字符串以后的大小升序排列
[0, 1, 10, 2, 3, 4, 5, 6, 7, 8, 9]
>>> Lst
[6, 0, 1, 7, 4, 3, 2, 8, 5, 10, 9]           # 列表 Lst 不变
>>> x = reversed(Lst)                        # 生成可迭代的 reversed 对象，赋给变量 x
>>> x
<list_reverseiterator object at 0x00000000032EA9C8>
>>> list(x)                                  # 生成列表，与 Lst 反序
[9, 10, 5, 8, 2, 3, 4, 7, 1, 0, 6]
>>> x = ['aaaa', 'bc', 'd', 'b', 'ba']
>>> reversed(x)                              # 逆序，返回 reversed 对象
<list_reverseiterator object at 0x0000000002FA0448>
>>> list(reversed(x))                        #reversed 对象是可迭代的
['ba', 'b', 'd', 'bc', 'aaaa']
```

注：实际上 reversed() 函数产生的是一个迭代器，它的元素在遍历的过程中产生（即惰性求值特征），每次产生一个元素，占用的内存空间少。而列表是一次性获得所有元素值，占用内存空间大。同样，enumerate()、zip() 函数也有此特征。

3. 枚举与迭代

enumerate() 函数用来枚举可迭代对象中的元素，返回可迭代的 enumerate 对象，其中每个元素都包含索引和值的元组。可以将 enumerate 对象转换为列表、元组、集合，也可以使用 for 循环直接遍历其中的元素。例如：

```
>>> x = enumerate('abcd')                    # 生成可迭代的 enumerate 对象，赋给变量 x
>>> x
<enumerate object at 0x00000000032E4CC8>
>>> list(x)                                  # 转换成列表，枚举字符串中的元素
[(0, 'a'), (1, 'b'), (2, 'c'), (3, 'd')]
```

```
>>> list(enumerate(['Python', 'Greate']))           #枚举列表中的元素
[(0, 'Python'), (1, 'Greate')]
>>> for index, value in enumerate(range(1, 6)):     #枚举range对象中的元素
        print((index, value), end=' ')

(0, 1) (1, 2) (2, 3) (3, 4) (4, 5)
```

4. zip()函数

zip()函数用来把多个可迭代对象中的元素连接到一起，返回一个可迭代的zip对象，其中每个元素都是包含原来的多个可迭代对象对应位置上元素的元组，如同拉拉链一样。当作为参数的多个可迭代对象长度不相同时，以最短的进行匹配。例如：

```
>>> list(zip('abcd', [1, 2, 3, 4]))          #连接成zip对象，并转换成列表
[('a', 1), ('b', 2), ('c', 3), ('d', 4)]
>>> list(zip('123', 'abc', '!@#'))           #连接成zip对象，并转换成列表
[('1', 'a', '!'), ('2', 'b', '@'), ('3', 'c', '#')]
>>> x = zip('abcd', '123')                   #连接成zip对象，最大匹配3组
>>> list(x)                                  #将zip对象x转换为列表
[('a', '1'), ('b', '2'), ('c', '3')]
>>> list(x)                                  #zip对象x已遍历过，再次访问时为空
[]
```

上例中，变量x赋值为可迭代的zip对象，它是一个迭代器。迭代器在使用list()函数遍历后，生成了所有元素，当再次使用list()函数遍历时，已为空。

3.2 字 符 串

字符串（str）是最常用的Python数据类型，属于不可变有序序列，使用单引号、双引号、三个单引号、三个双引号作为定界符（delimiter）来表示字符串，并且不同的定界符之间可以互相嵌套。

除了支持序列通用的序列函数及切片等操作功能外，字符串类型还支持一些特有的操作方法，如字符串格式化、查找、替换等。

字符串属于不可变序列，不能直接对字符串对象进行元素增加、修改与删除等操作，切片操作也只能访问其中的元素而无法使用切片来修改字符串中的字符。

3.2.1 字符串创建

在Python中，当字符串中包含单引号时，定界符可以使用双引号。当字符串中包含双引号时，定界符可以使用单引号。例如：

```
>>> Str1 = 'This is a string.'
>>> Str2 = "This is a string."
>>> Str3 = '''This id a string.'''
>>> Str4 = """This is a string."""
>>> Str1
'This is a string.'
>>> Str2
'This is a string.'
>>> Str3
'This is a string.'
>>> Str4
```

```
'This is a string.'
>>> Str5 = "I'm a student."                    # 字符串中包含单引号
>>> Str5
"I'm a student."
>>> print(Str5)
I'm a student.
```

使用 str() 函数也可以创建字符串。由于字符串类型是不可变序列，所以不可修改字符串变量中元素（可以清空），但可将修改的内容赋给另一个变量。例如：

```
>>> Str1 = 'python!'
>>> Str1[0] = 'P'                              # 修改第一个字符，出错
Traceback (most recent call last):
    File "<pyshell#767>", line 1, in <module>
        Str1[0] = 'P'
TypeError: 'str' object does not support item assignment
>>> Str2 = 'P' + Str1[1:]                      # 生成新的字符串，赋给另一个变量
>>> Str2
'Python!'
>>> Str1 = ''                                  # 将字符串清空
>>> Str1
''
```

三个单引号、三个双引号作为定界符时，字符串中可以直接使用单引号或双引号，而且可以多行表示一个字符串。例如：

```
>>> Str6 = '''This is a very long string. It continues here.
And it's not over yet. "Hello, world!"
Still here.'''
>>> Str6                                       # 字符串内容
'This is a very long string. It continues here.\nAnd it\'s not over yet. "Hello, world!"\nStill here.'
>>> print(Str6)                                # 输出字符串
This is a very long string. It continues here.
And it's not over yet. "Hello, world!"
Still here.
```

可见，三个引号表示的字符串输出时可以保持长字符串的原貌。但变量中存储的内容包含了"\n""\'"特殊的转义字符，"\n"表示换行，"\'"表示字符串内容，其中的"'"不是字符串定界符。

3.2.2 转义字符

在字符串中，常常需要表达一些特殊意义的字符，如换行符、回车符等，Python 提供了转义字符，常用转义字符及其说明见表 3-3。

表 3-3 常用转义字符

转义字符	说明	转义字符	说明
\0	空字符	\'	单引号'
\n	换行符	\"	双引号"
\r	回车	\（在行尾时）	续行符
\t	水平制表符	\ooo	3位八进制数对应的字符
\\	一个斜线\	\xhh	2位十六进制数对应的字符

例如：

```
>>> print('Hello\nWorld')              # 包含转义字符的字符串
Hello
World
>>> print('\101')                       #3位八进制数对应的字符
A
>>> print('\x41')                       #2位十六进制数对应的字符
A
>>> path = 'C:\Windows\\notepad.exe'    # 文件路径中的字符 \\ 表示 "\"
>>> print(path)
C:\Windows\notepad.exe
```

为了避免对本应属于字符串内容的字符进行转义，还可以使用原始字符串，在字符串前面加上字母 r 或 R 表示原始字符串，其中的所有字符都表示原始的含义而不会进行任何转义。在后面的文件系统章节中，打开文件时经常使用此方法。例如：

```
>>> path = 'C:\Windows\notepad.exe'     # 文件描述中的字符 \n 被转义为换行符
>>> print(path)                         #path 不能作为文件描述来使用
C:\Windows
otepad.exe
>>> path = r'C:\Windows\notepad.exe'    # 原始字符串，任何字符都不转义
>>> print(path)
C:\Windows\notepad.exe
```

3.2.3 字符串格式化

经常需要将输出的内容按一定格式标准输出，如对齐方式、数值的表示精度等，这就是字符串格式化。字符串格式化通常作为 print() 函数的参数使用。

1. 使用格式字符串

使用格式字符串的形式如图 3-3 所示，格式字符串以 "%" 开始并加上引号，再通过 "%" 连接要输出的表达式。

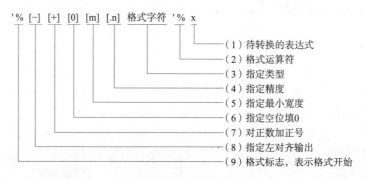

图 3-3 格式字符串

其中，格式字符规定了要转换的类型，Python 提供了大量的格式字符，常用格式字符及其说明见表 3-4。

表 3-4 格式字符及其说明

格式字符	说明	格式字符	说明
%s	字符串	%x	十六进制整数
%c	单个字符	%e	指数（基底写为e）
%d	十进制整数	%f、%F	浮点数
%i	十进制整数	%%	一个字符"%"
%o	八进制整数		

例如：

```
>>> x=12345
>>> "%o" % x                    # 转换为八进制
'30071'
>>> "%e" % x                    # 转换为科学记数法
'1.234500e+04'
>>> "%8.2f" % x                 # 转换为指定精度的实数
'12345.00'
>>> "%s" % x                    # 转换为字符串
'12345'
>>> print("%d,%c" % (68,68))    # 分别转换为十进制数、字符
68,D
```

2. 使用格式化模板

使用格式化模板，能够更加方便灵活地进行字符串格式化，格式化模板的语法形式：

'格式化模板'.format(对象1,对象2,…,对象n)

在格式化模板中，使用"{序号:格式说明}"作为占位符，其中序号表示输出的第几个对象，当序号与输出对象依次对应时，可省略序号。当有格式说明时，需加":"号，格式说明由模板格式符组成（模板格式符与格式字符串中格式符略有差别），常用的格式化模板格式符及说明见表3-5。

表 3-5 格式化模板常用格式符

字符	说明
b	二进制，以2为基数输出数字
o	八进制，以8为基数输出数字
x	十六进制，以16为基数输出数字，9以上的数字用小写字母（类型符为X时用大写字母）表示
c	字符，将整数转换成对应的Unicode字符输出
d	十进制整数，以10为基数输出数字
f	定点数，以定点数输出数字
e	指数记法，以科学记数法输出数字，用e（类型符是E时用大写E）表示幂
[+]m.nf	输出带符号（若格式说明符中显式使用了符号"+"，则输出大于或等于0的数时带"+"号）的数，保留n位小数，整个输出占m位（若实际宽度超过m则突破m的限制）
>	右对齐，默认用空格填充左边，其左边可以加上填充符，如#>6.2f
<	左对齐，默认用空格填充右边，其右边可以加上填充符，如#<6.2f
^	居中对齐，默认用空格填充左右边，其左边可以加上填充符，如#^
{{}}	输出一个{}

格式说明的一般格式如下：

{序号:[对齐说明符][符号说明符][最小宽度说明符][.精度说明符][类型说明符]}

例如：

```
>>> "{0} is a {1}.".format("Python", "language")
'Python is a language.'
>>> "{1} is a {0}.".format("Python", "language")
'language is a Python.'
>>> print("{:^10}\t{:^6}\t{:^6}".format("排名","学校名称","总分"))
                                                        #省略了序号
    排名        学校名称           总分
>>> print("{:^10}\t{:^6}\t{:>6.2f}".format(1, "清华大学",9.8))
    1          清华大学          9.80
>>> print("{:=^10}\t{:^6}\t{:#>6.2f}".format(1, "清华大学",9.8))
====1=====     清华大学          ##9.80
```

上面的例子中，{:^10} 表示居中对齐、占 10 个字符位置，{:>6.2f} 表示右对齐、含 2 位小数 6 位长度的浮点数格式，{:=^10} 表示居中对齐、占 10 个字符位置，左右两边填充"="字符。

3.2.4 字符串常用方法

Python 中除有大量内置函数和运算符支持对字符串的操作外，还提供了大量字符串对象的方法用于字符串的切分、连接、替换和排版等操作。常用字符串方法及功能见表 3-6。

表3-6 常用字符串方法及功能

方法	功能说明
s.capitalize()	返回只有首字母为大写的字符串
s.center(width)	返回在参数width宽度内居中的字符串
s.count(sub[,star[,end]])	返回子字符串在字符串中出现的次数，参数start、end规定开始、结束的位置，省略时表示整个字符串
s.encode(encoding='utf-8',error='strict')	返回使用指定编码和error指定的错误处理方式对字符串进行编码的结果，参数error的可能取值包含'strict'、'ignore'、'replace' 等
s.endwith(suffix[,star[,end]])	检查字符串是否以 suffix 结尾，还可使用索引 start 和 end 指定匹配范围
s.find(sub[,star[,end]])	返回找到的第一个子串 sub 的索引，如果没有找到这样的子串，就返回 -1；还可将搜索范围限制为 s[start:end]
s.format(…)	实现了标准的Python字符串格式设置。将字符串中用大括号分隔的字段替换为相应的参数，再返回结果
s.index(sub[,start[,end]])	返回找到的第一个子串sub的索引，如果没有找到这样的子串，将出错；还可将搜索范围限制为 s[start:end]
s.isalnum()	检查字符串中的字符是否都是字母或数字
s.isalpha()	检查字符串中的字符是否都是字母
s.islower()	检查字符串中的字母是否都是小写的
s.isspace()	检查字符串中的字符是否都是空白字符
s.istitle()	检查字符串中位于非字母后面的字母是否都是大写的，且其他所有字母都是小写的
s.isupper()	检查字符串中的字母是否都是大写的
s.join(iter)	将 s 与 iter中的所有字符串元素合并，并返回结果
s.ljust(width [, fillchar])	返回一个长度为 max(len(string), width) 的字符串，其开头是当前字符串的副本，而末尾是使用 fillchar 指定的字符（默认为空格）填充的
s.lower()	将字符串中所有的字母都转换为小写，并返回结果
s.lstrip([chars])	将字符串开头所有的 chars（默认为所有的空白字符，如空格、制表符和换行符）都删除，并返回结果

续表

方　　法	功能说明
s.partition(sep)	在字符串中搜索sep，并返回元组 (sep 前面的部分, sep, sep 后面的部分)
s.replace(old,new[,max])	将字符串中的子串 old 替换为new，并返回结果；还可将最大替换次数限制为max
s.rfind(sub[,start[,end]])	返回找到的最后一个子串的索引，如果没有找到这样的子串，就返回−1；还可将搜索范围限定为s[start:end]
s.rindex(sub[,start[,end]])	返回找到的最后一个子串 sub 的索引，如果没有找到这样的子串，将出错；还可将搜索范围限定为s[start:end]
s.rjust(width[,fillchar])	返回一个长度为max(len(string), width) 的字符串，其末尾为当前字符串的拷贝，而开头是使用 fillchar 指定的字符（默认为空格）填充的
s.rpartition(sep)	与partition相同，但从右往左搜索
s.rstrip([chars])	将字符串末尾所有chars字符（默认为所有空白字符，如空格、制表符和换行符）都删除，并返回结果
s.split([sep[, maxsplit]])	返回一个列表，其中包含以 sep 为分隔符对字符串进行划分得到的结果（如果没有指定参数 sep，将以所有空白字符为分隔符进行划分）；还可将最大划分次数限制为 maxsplit
s.splitlines([keepends])	返回一个列表，其中包含字符串中的所有行；如果参数 keepends 为 True，将包含换行符
s.startswith(prefix[,start[,end]])	检查字符串是否以 prefix 打头；还可将匹配范围限制在索引 start 和 end 之间
s.strip([chars])	将字符串首、尾所有 chars 字符（默认为所有空白字符，如空格、制表符和换行符）都删除，并返回结果
s.swapcase()	将字符串中所有字母的大小写都反转，并返回结果
s.title()	将字符串中所有单词的首字母都大写，并返回结果
s.upper()	将字符串中所有字母都转换为大写，并返回结果
s.zfill(width)	在字符串左边填充 0（但将原来打头的 + 或 − 移到开头），使其长度为 width

字符串对象是不可变的，所以字符串对象提供的涉及字符串"修改"的方法都是返回修改后的新字符串，并不对原始字符串做任何修改。

下面按功能类别介绍部分方法的使用。

1．查找类方法

find() 和 rfind() 方法分别用来查找一个字符串在另一个字符串指定范围（默认是整个字符串）内首次和最后一次出现的位置，如果不存在则返回 −1；index() 和 rindex() 方法用来返回一个字符串在另一个字符串指定范围内首次和最后一次出现的位置，如果不存在则出错；count() 方法用来返回一个字符串在另一个字符串中出现的次数。例如：

```
>>> s = 'every here and there'
>>> s.find('ere')
7
>>> s.find('ere',8)                    # 从索引号 8 位置开始查找
17
>>> s.find('ere',8,18)                 # 从索引号 8 开始到 18 位置查找
-1
>>> s.rfind('h')                       # 从右边向左边开始查找
16
>>> s.index('h')
6
>>> s.index('er')
```

```
2
>>> s.index('ser')                           #没找到，出错
Traceback (most recent call last):
    File "<pyshell#801>", line 1, in <module>
        s.index('ser')
ValueError: substring not found
>>> s.count('h')
2
>>> s.count('hi')
0
```

2. 字符串拆分

split() 和 rsplit() 方法分别用来以指定字符为分隔符，把当前字符串从左往右和从右往左分隔成多个字符串，并返回包含分隔结果的列表；partition() 和 rpartition() 用来指定以字符串为分隔符将原字符串分隔为 3 部分，即分隔符前的字符串、分隔符字符串、分隔符后的字符串，如果指定的分隔符不在原字符串中，则分隔为原字符串和两个空字符串，并返回这 3 个元素的元组。例如：

```
>>> s1 = "apple,peach,banana,pear"
>>> s1.split(",")                            #分隔为列表，分隔符为","
['apple', 'peach', 'banana', 'pear']
>>> s1.partition(',')                        #分隔为元组，自左向右，分为3部分
('apple', ',', 'peach,banana,pear')
>>> s1.rpartition(',')                       #分隔为元组，自右向左，分为3部分
('apple,peach,banana', ',', 'pear')
>>> s.rpartition('banana')
('apple,peach,', 'banana', ',pear')
>>> s2 = "2020-8-10"
>>> t=s2.split('-')                          #分隔符为"-"
>>> t
['2020', '8', '10']
>>> 'a,,,bb,,ccc'.split(',')     #每个逗号都被作为独立的分隔符，形成有空字符串的元素
['a', '', '', 'bb', '', 'ccc']
```

对于 split() 和 rsplit() 方法，如果不指定分隔符，则字符串中的任何空白符号（如空格、换行符、制表符等）都将被认为是分隔符，把连续多个空白字符看作一个分隔符。例如：

```
>>> s1 = 'hello \tworld \n\n This is a sample   '
>>> s1.split()                               #等价于s1.split(None)，不指定分隔符
['hello', 'world', 'This', 'is', 'a', 'sample']
```

split() 和 rsplit() 方法还允许指定最大分隔次数，当分隔次数大于可分隔次数时，以可分隔次数为准。例如：

```
>>> s1 = 'hello \tworld \n\n This is a sample   '
>>> s1.split(None,1)                         #不指定分隔符，最大分隔次数为1
['hello', 'world \n\n This is a sample   ']
>>> s1.rsplit(None,1)                        #不指定分隔符，最大分隔次数为1，自右向左
['hello \tworld \n\n This is a', 'sample']
>>> s1.rsplit(None,2)
['hello \tworld \n\n This is', 'a', 'sample']
>>> s1.split(None,6)
```

```
['hello', 'world', 'This', 'is', 'a', 'sample']
>>> s1.split(maxsplit=6)              # 不指定分隔符,最大分隔次数为 6
['hello', 'world', 'This', 'is', 'a', 'sample']
>>> s1.split(maxsplit=20)             # 不指定分隔符,最大分隔次数超过可分隔次数
['hello', 'world', 'This', 'is', 'a', 'sample']
```

3. 字符串连接

join() 方法将可迭代对象的元素按指定的连接符连接起来,形成一个新字符串。例如:

```
>>> fruit = ["apple", "peach", "banana", "pear"]
>>> ','.join(fruit)
'apple,peach,banana,pear'
>>> '.'.join(fruit)
'apple.peach.banana.pear'
>>> '->'.join(fruit)
'apple->peach->banana->pear'
```

4. 字符串大小写

利用 lower()、upper()、capitalize()、title()、swapcase() 方法,可以改变字符串中字母的大小写。例如:

```
>>> s = "What is Your Name?"
>>> s.lower()                    # 返回小写字符串
'what is your name?'
>>> s.upper()                    # 返回大写字符串
'WHAT IS YOUR NAME?'
>>> s.capitalize()               # 字符串首字符大写
'What is your name?'
>>> s.title()                    # 每个单词的首字母大写
'What Is Your Name?'
>>> s.swapcase()                 # 大小写互换
'wHAT IS yOUR nAME?'
```

5. 字符串替换

replace() 方法用于查找替换,类似于 Word 中的 "全部替换" 功能。例如:

```
>>> s = "name, name"
>>> print(s)
name, name
>>> s2 = s.replace("name", "姓名")
>>> print(s2)
姓名, 姓名
```

6. 删除空白或指定字符

利用 strip()、rstrip()、lstrip() 方法,可以删除字符串首尾空白符号(如空格、换行符、制表符等)或指定的字符。例如:

```
>>> s = " ab c "                              # 删除首尾空格字符
>>> s.strip()
'ab c'
>>> '\n\nhello\tworld   \n\n'.strip()         # 删除首尾空白字符,保留中间的 \t
'hello\tworld'
>>> print('\n\nhello\tworld   \n\n'.strip())
```

```
hello          world
>>> "aaaabcda".strip("a")              # 删除首尾a字符
'bcd'
>>> "aaaabcdeaf".strip("af")           # 删除首尾a、f字符
'bcde'
>>> "aaaabcdefa".strip("af")           # 删除首尾a、f字符
'bcde'
>>> "aaaabcdefa".rstrip("af")          # 删除右侧a、f字符
'aaaabcde'
>>> "aaaabcdefgfa".rstrip("af")        # 删除右侧a、f字符
'aaaabcdefg'
>>> "aaaabcdefgfa".lstrip("a")         # 删除左侧a字符
'bcdefgfa'
```

可以看出，这三个函数的参数指定的字符串并不作为一个整体对待，而是在原字符串的两侧、右侧、左侧删除参数字符串中包含的所有字符，直至碰到非参数指定的字符为止。所以，字符串中间的字符即使与指定的字符相同也不会被删除。

7. 判断开始、结束字符串

使用 startswith()、endswith() 方法，可以判断字符串是否以指定字符串开始或结束，返回逻辑值。例如：

```
>>> s = 'We can be back together.'
>>> s.startswith('We')                 # 从头开始检测
True
>>> s.startswith('can')
False
>>> s.endswith('together.')            # 从尾开始检测
True
>>> s.startswith('can',3,6)            # 从指定检测范围起始位置3和结束位置6检测
True
```

8. 判断数字、字母、大小写

使用 isalnum()、isalpha()、isdigit()、isspace()、isupper()、islower() 方法，测试字符串是否为数字或字母、是否为字母、是否为数字字符、是否为空白字符、是否为大写字母以及是否为小写字母。例如：

```
>>> '1234abcd'.isalnum()
True
>>> 'Abcd'.isalpha()                   # 全部为英文字母时返回True
True
>>> '1357'.isdigit()                   # 全部为数字时返回True
True
>>> 'abcd123'.isalpha()
False
>>> '1234.0'.isdigit()
False
>>> "   ".isspace()
True
>>> "\n\t   ".isspace()                # 空白符号时返回True
True
>>> "ABC".isupper()
```

```
True
>>> "Abc".isupper()
False
>>> "abc".islower()
True
```

9. 字符串对齐

使用 center()、ljust()、rjust() 方法，返回指定宽度的新字符串，原字符串居中、左对齐或右对齐出现在新字符串中，如果指定宽度大于字符串长度，则使用指定字符（默认为空格）进行填充。例如：

```
>>> 'Hello world!'.center(20)          #居中对齐，以空格进行填充
'    Hello world!    '
>>> 'Hello world!'.center(20, '=')     #居中对齐，以字符=进行填充
'====Hello world!===='
>>> 'Hello world!'.ljust(20, '=')      #左对齐
'Hello world!========'
>>> 'Hello world!'.rjust(20, '=')      #右对齐
'========Hello world!'
```

3.2.5 字符串应用举例

例 3-1 输入一个字符串，统计字符串中出现的字母 a 或 A 的次数。

```
# 例 3-1.py
aStr = input('请输入任意字符串')
s = aStr.lower()
n = s.count("a")
print(n)
```

执行程序，输入一个字符串，如 abcdABC，输出为 2。

例 3-2 给定一句英文，按字符串大小顺序输出所有出现的英文单词。

```
# 例 3-2.py
sText = "Create good memories today, so that you can have a good past."
sList = sText.split()          #默认按空白符进行分隔，这里为空格。生成列表
sList.sort()                   #列表排序，大写字母比小写字母小
for item in sList:             #遍历列表元素
    print(item, end ='#')
```

执行程序，输出结果为：

```
Create#a#can#good#good#have#memories#past.#so#that#today,#you#
```

程序中未考虑去除句子中标点符号问题，可以在以后的学习中完善。

3.3 列　　表

列表（list）是最经典的 Python 数据类型，由包含若干元素的有序元素组成，占用连续的内存空间。在形式上，列表的所有元素放在一对方括号"[]"中，相邻元素之间使用逗号分隔。同一个列表中元素的数据类型可以各不相同，可以同时包含整数、实数、字符串等基本类型的元素，也可以包含列表、元组、字典、集合、函数以及其他任意对象。

列表除了支持前面介绍的通用序列函数及切片等操作功能外，还提供了列表对象的方法、实现对列表对象的操作。常用的列表方法及其功能说明见表3-7。

表3-7 常用的列表方法及其功能说明

方　　法	功　能　说　明
Lst.append(x)	将x追加到列表尾部
Lst.copy()	返回列表的浅复制
Lst.count(x)	返回元素x在列表中出现的次数
Lst.extend(t)	将可迭代对象t的每个元素添加到列表尾部
Lst.index(x[,i][,j])	返回元素x在列表中出现的次数，i、j参数规定查找的起始位置
Lst.insert(i,x)	在列表i处插入x
Lst.pop(i)	删除列表中i处元素
Lst.remove(x)	删除列表中x元素
Lst.reverse()	将列表元素反序
Lst.sort(key=None,reverse=False)	将列表元素进行排序

3.3.1 列表创建

列表只需要在"[]"号中添加元素，并使用逗号隔开即可，没有任何元素的列表为空列表，使用赋值语句即可创建列表。例如：

```
>>> Lst0 = []                                          # 空列表
>>> Lst1 = [1, 2.5, 3.8, 40]                           # 数字列表
>>> Lst2 = ['Python', 'C++', 'VB', 'Java', 'C', 'VC']  # 字符串列表
>>> len(Lst0)                                          # 空列表元素个数为0
0
>>> len(Lst1)
4
>>> len(Lst2)
6
```

可以看出，列表元素可以是整数、浮点数、字符串等。但列表中元素的数据类型并不要求一致，且列表的元素也可以是列表、元组、字典等，对于列表来说，它只是其中一个元素。例如：

```
>>> Lst4 = ['spam', 2.0, 5, [10, 20]]
>>> Lst5 = [['file1', 200,7], ['file2', 260,9]]
>>> Lst6 = [{3}, {5:6}, (1, 2, 3)]
>>> len(Lst4)                          #Lst4 中包含的列表只算1个元素
4
>>> len(Lst4[3])                       #Lst4 包含的第4个元素是列表，它有2个元素
2
```

列表还可以通过列表解析式生成（详见第4章有关内容），例如：

```
>>> Lst7 =[x ** 2 for x in range(10)]   #x的取值为0~9，对于每个x计算x²
>>> Lst7
[0, 1, 4, 9, 16, 25, 36, 49, 64, 81]
```

列表是可变序列，可以通过切片操作访问其中元素，也可修改其中可修改的部分。例如：

```
>>> Lst4 = ['spam', 2.0, 5, [10, 20]]
>>> Lst4[1] = 3.5                        # 切片赋值
>>> Lst4
['spam', 3.5, 5, [10, 20]]
>>> Lst4[3][1] = 30                      # 切片赋值
>>> Lst4
['spam', 3.5, 5, [10, 30]]
```

Lst4[3] 表示 Lst4 的第 4 个元素，Lst4[3] 也是一个列表，所以用 Lst4[3][1] 表示所包含列表的第 2 个元素，修改其值。但是，不可以修改其中不可更改部分。例如：

```
>>> Lst6 = [{3}, {5:6}, (1, 2, 3)]
>>> Lst6[2][0] = 4                       # 列表的第 3 个元素是元组，不可修改
Traceback (most recent call last):
    File "<pyshell#489>", line 1, in <module>
        Lst6[2][0] = 4
TypeError: 'tuple' object does not support item assignment
```

在对列表中元素进行操作时，要根据每个元素的数据类型，利用切片和内置函数进行相应操作。

列表还可以通过 copy() 方法进行浅复制，例如：

```
>>> Lst4 = ['spam', 2.0, 5, [10, 20]]
>>> aList = Lst4.copy()
>>> aList
['spam', 2.0, 5, [10, 20]]
>>> aList is Lst4                        # 不是同一个对象
False
>>> aList[1] = 3.0                       # 对 aList 进行修改
>>> aList[3][1] = 30
>>> aList
['spam', 3.0, 5, [10, 30]]
>>> Lst4                                 #Lst4[1] 元素没有改变，但 Lst4[3][1] 被改变了
['spam', 2.0, 5, [10, 30]]
```

可以看出，对 aList 进行修改，对 Lst4 的直接元素没有影响，但对 Lst4 包含的列表产生了影响。所以，copy() 方法称为浅复制。可以使用 copy 模块的 deepcopy() 方法，进行深复制，以避免这种现象。

3.3.2 列表元素的增加

列表元素的增加可以使用 append()、extend()、insert() 方法。append() 用于向列表尾部追加一个元素，insert() 用于向列表任意指定位置插入一个元素，extend() 用于将另一个列表中的所有元素追加至当前列表的尾部。例如：

```
>>> Lst1 = [1, 2, 3]
>>> Lst1.append(4)                       # 在尾部追加元素
>>> Lst1
[1, 2, 3, 4]
>>> Lst1.insert(0, 0)                    # 在指定位置插入元素
>>> Lst1
[0, 1, 2, 3, 4]
```

```
>>> Lst1.extend([5, 6, 7])                      # 在尾部追加多个元素
>>> Lst1
[0, 1, 2, 3, 4, 5, 6, 7]
```

需要注意的是，append() 的参数是要增加的元素，而 extend() 的参数是可迭代对象，将迭代对象中每个元素追加到列表中。例如：

```
>>> Lst2=[1,2,3]
>>> Lst2.append([4])                            # 在尾部追加元素列表 [4]
>>> Lst2
[1, 2, 3, [4]]
>>> Lst2.extend([5,6])                          # 在尾部追加列表中每个元素
>>> Lst2
[1, 2, 3, [4], 5, 6]
>>> Lst2.extend('Hello')                        # 在尾部追加字符串的每个元素
>>> Lst2
[1, 2, 3, [4], 5, 6, 'H', 'e', 'l', 'l', 'o']
>>> Lst2.append('world!')                       # 在尾部追加字符串
>>> Lst2
[1, 2, 3, [4], 5, 6, 'H', 'e', 'l', 'l', 'o', 'world!']
>>> Lst2.extend(7)                              # 出错，因为 7 是不可迭代的
Traceback (most recent call last):
    File "<pyshell#382>", line 1, in <module>
        Lst2.extend(7)
TypeError: 'int' object is not iterable
```

3.3.3 列表元素的删除

列表元素的删除可以使用 pop()、remove() 方法。pop() 用于删除并返回指定位置（默认是最后一个）上的元素（类似"栈"的弹出操作，弹出后列表中不包含该元素）；remove() 用于删除列表中第一个与指定值相等的元素。例如：

```
>>> Lst3=[1,2,3,4,5,6,7,8]
>>> Lst3.pop(2)                                 # 删除并返回指定位置的元素
3
>>> Lst3.pop()                                  # 删除并返回尾部元素
8
>>> Lst3
[1, 2, 4, 5, 6, 7]
>>> Lst3.append(5)
>>> Lst3
[1, 2, 4, 5, 6, 7, 5]
>>> Lst3.remove(5)                              # 删除首个值为 5 的元素
>>> Lst3
[1, 2, 4, 6, 7, 5]
```

另外，还可以使用 del 命令删除列表中指定位置的元素。例如：

```
>>> Lst3=[1,2,3,4,5,6,7,8]
>>> del  Lst3[2]                                # 删除指定位置上的元素
>>> Lst3
[1, 2, 4, 5, 6, 7, 8]
```

由于列表是可变有序序列，列表元素也可以通过切片来增加、删除元素。例如：

```
>>> Lst3=[1,2,3,4,5,6,7,8]
>>> Lst3[len(Lst3):] =[9]              # 在末尾增加元素
>>> Lst3
[1, 2, 3, 4, 5, 6, 7, 8, 9]
>>> Lst3[:0] =[-1,0]                   # 在头部增加元素
>>> Lst3
[-1, 0, 1, 2, 3, 4, 5, 6, 7, 8, 9]
>>> Lst3[:2] =[]                       # 删除前2个元素
>>> Lst3
[1, 2, 3, 4, 5, 6, 7, 8, 9]
```

3.3.4 列表元素访问与计数

列表方法 count() 用于返回列表中指定元素出现的次数；index() 用于返回指定元素在列表中首次出现的位置，如果该元素不在列表中则出错。例如：

```
>>> Lst4 = [1, 2, 3, 1, 2, 3, 4, 5, 1, 2]
>>> Lst4.count(2)                      # 元素2在列表Lst4中的出现次数
3
>>> Lst4.count(6)                      # 不存在，返回0
0
>>> Lst4.index(2)                      # 元素2在列表Lst4中首次出现的索引
1
>>> Lst4.index(1,6,9)                  # 元素1在列表Lst4自索引号6~9范围中出现的索引
8
>>> Lst4.index(10)                     # 列表Lst4中没有10，出错
Traceback (most recent call last):
    File "<pyshell#404>", line 1, in <module>
        Lst4.index(10)
ValueError: 10 is not in list
```

3.3.5 列表排序

列表对象的 sort() 方法用于按照指定的规则对所有元素进行排序，规则可以是大小、字符串长度等；reverse() 方法用于将列表中所有元素逆序或翻转。例如：

```
>>> Lst5 = [6, 0, 1, 7, 4, 3, 2, 8, 5, 10, 9]
>>> Lst5.sort()                        # 按默认规则数值排序
>>> Lst5                               # 列表被修改
[0, 1, 2, 3, 4, 5, 6, 7, 8, 9, 10]
>>> Lst5.sort(key = str)               # 按转换为字符串后的大小，升序排序
>>> Lst5
[0, 1, 10, 2, 3, 4, 5, 6, 7, 8, 9]
>>> Lst5.sort(key = str, reverse = True)  # 按转换为字符串后的大小，降序排序
>>> Lst5
[9, 8, 7, 6, 5, 4, 3, 2, 10, 1, 0]
>>> Lst6 = ['Python', 'C++', 'VB', 'Java', 'C', 'VC']
>>> Lst6.sort()                        # 按默认规则字符串大小排序
>>> Lst6
['C', 'C++', 'Java', 'Python', 'VB', 'VC']
```

```
>>> Lst6.sort(key = len)           #按字符串长度排序
>>> Lst6
['C', 'VB', 'VC', 'C++', 'Java', 'Python']
>>> Lst6.reverse()                 #把所有元素翻转或逆序
>>> Lst6
['Python', 'Java', 'C++', 'VC', 'VB', 'C']
>>> Lst6.reverse()                 #再逆序,恢复为原来次序
>>> Lst6
['C', 'VB', 'VC', 'C++', 'Java', 'Python']
```

值得注意的是,sorted() 函数与 sort() 方法,reversed() 函数与 reverse() 方法使用上是有区别的。sorted()、reversed() 是序列的内置函数,它返回一个新的序列,而 sort()、reverse() 方法是列表的方法,它对原列表进行更新。由于字符串和元组是不可变序列,所以字符串和元组只有 sorted()、reversed() 函数,而没有 sort()、reverse() 方法。例如:

```
>>> Lst6 = ['Python', 'C++', 'VB', 'Java', 'C', 'VC']
>>> sorted(Lst6)                   #内置函数执行后,得到新列表,但原列表不变
['C', 'C++', 'Java', 'Python', 'VB', 'VC']
>>> Lst6
['Python', 'C++', 'VB', 'Java', 'C', 'VC']
>>> list(reversed(Lst6))           #内置函数执行后,得到新列表,但原列表不变
['VC', 'C', 'Java', 'VB', 'C++', 'Python']
>>> Lst6
['Python', 'C++', 'VB', 'Java', 'C', 'VC']
```

3.3.6 列表应用举例

例 3-3 某次测量,为了减少误差,共测量若干次。最终测量值的计算规则是去掉一个最大值和一个最小值,剩余测量值取平均值。给定一组测量值,计算最终测量值。

```
#例 3-3.py
measure_value = [9.8, 9.78, 9.5, 10, 8.6, 9.7, 9.82, 9.9,9.81, 9.99]
                                                            #给定的测量值
measure_value.sort()                                        #列表排序
measure_value.pop()                                         #弹出最大值
measure_value.pop(0)                                        #弹出最小值
ave_measure_value = sum(measure_value)/len(measure_value)   #计算平均值
print(ave_measure_value)
```

执行程序,输出结果为 9.7875。

例 3-4 产生 10 个 1~100 之间的随机整数,输出最大值、最小值、所有元素之和以及平均值。

```
#例 3-4.py
from random import randint
a = [randint(1,100) for i in range(10)]                     #使用列表导出式生成随机数列表
print("最大值:{0:3d}\t最小值:{1:3d}\t所有元素之和:{2:5d}\t平均值:{3:6.2f}"\
      .format( max(a), min(a), sum(a),sum(a) / len(a)))
```

执行程序,输出结果为(由于是随机数,所以每次执行的结果不同):

```
最大值:100 最小值:  5      所有元素之和:  684      平均值: 68.40
```

3.4 元　　组

元组（tuple）是最重要的 Python 数据类型之一，由包含若干元素的有序元素组成，占用连续的内存空间。在形式上，元组的所有元素放在一对括号"()"中，相邻元素之间使用逗号分隔。可以把元组看作简化版列表，支持与列表类似的操作。但由于元组是不可变序列，所以不支持所有对其修改的操作。

3.4.1 元组的创建

元组的创建与列表相似，只需要在圆括号中添加元素，并使用逗号隔开即可。例如：

```
>>> tup1 = (1, 2, 3)              # 直接把元组赋值给一个变量
>>> type(tup)                     # 使用 type() 函数查看变量类型
<class 'tuple'>
>>> tup1[0]                       # 元组支持使用下标访问特定位置的元素
1
>>> tup[-1]                       # 最后一个元素，元组也支持双向索引
3
>>> tup1 = 1,2,3                  # 元组赋值，可以省略括号
>>> tup1
(1, 2, 3)
```

元组是不可更改的序列，例如：

```
>>> tup2 = (1, 2, 3)
>>> tup2[1] = 4                   # 元组是不可变的，出错
Traceback (most recent call last):
    File "<pyshell#436>", line 1, in <module>
        Tup2[1] = 4
TypeError: 'tuple' object does not support item assignment
```

当元组只有一个元素时，需要在这个元素的后面添加一个逗号，否则圆括号会被当作运算符使用。例如：

```
>>>tup3 = (3,)                    # 元组只有一个元素
>>> type(tup3)
<class 'tuple'>
>>> tup3
(3,)
>>> tup4 =(3)                     #3 作为整数
>>> type(tup4)
<class 'int'>
>>> tup4
3
```

元组的元素可以是不同的数据类型，也可以是列表、元组等。例如：

```
>>> tup5 = (1, 2, ['abc', 'def', 'ghi'], 4, 'abcdef')
>>> len(tup5)                     # 元组共 5 个元素
5
>>> tup5[3]                       # 输出元组第 4 个元素
4
>>> tup5[2]                       # 输出元组第 3 个元素
['abc', 'def', 'ghi']
>>> tup5[2][0]                    # 输出元组第 3 个元素，即包含其中列表的第 1 个元素
```

```
'abc'
>>> tup5[-1][0:3]              #输出元组最后元素,即字符串的切片
'abc'
```

3.4.2 元组的特性

元组也是序列,支持按索引访问元素,使用"+""*"进行运算,形成新的元组。元组应用于对象元素不需要更改的应用场合。元组还有其他一些特性。

1. 元组中包含的可变元素可以修改

由于元组是不可变序列,但是若其中包含列表、字典等可变序列,那么这部分元素可以修改。例如:

```
>>> tup5 = (1, 2, ['abc', 'def','ghi'], 4, 'abcdef')
>>> tup5[2][0]='ABC'              #修改其中列表的第1个元素
>>> tup5
(1, 2, ['ABC', 'def', 'ghi'], 4, 'abcdef')
>>> tup5[2] =['a','b','c']        #修改元组的第3个元素,出错
Traceback (most recent call last):
    File "<pyshell#36>", line 1, in <module>
        tup5[2] =['a','b','c']
TypeError: 'tuple' object does not support item assignment
```

2. 元组与列表的区别

Python对元组内部实现做了大量优化,访问速度比列表更快。如果定义的系列常量值的主要用途是对它们进行遍历读取,而不需要对它们进行任何修改,那么建议使用元组而不是列表。

元组不允许修改其元素值,从而使得代码更加安全。例如,调用函数时使用元组传递参数可以防止在函数中修改元组。

元组可用作字典的键,也可以作为集合的元素。而列表则永远都不能当作字典键使用,也不能作为集合中的元素。

列表和元组都属于有序序列,都支持使用双向索引访问其中的元素,以及使用count()方法统计指定元素的出现次数和index()方法获取指定元素的索引。内置函数len()、max()、min()、sum()等以及"+""*"等运算符也都适用于列表和元组。

元组属于不可变序列,不可以直接修改元组中元素的值,也无法为元组增加或删除元素。所以,元组没有提供append()、extend()和insert()等方法,无法向元组中添加元素,也没有remove()和pop()方法以及del操作,从元组中删除元素。但可以使用del命令删除整个元组。

元组也支持切片操作,但是只能通过切片来访问元组中的元素,而不允许使用切片来修改元组中元素的值,也不支持使用切片操作来为元组增加或删除元素。

3.4.3 元组应用举例

例 3-5 某班级构建了学生姓名元组和对应的考试成绩元组。根据学生姓名查询考试成绩。

```
>>> names = ('张三', '李四', '王五')
>>> scorces = (85, 65, 90)
>>> print(scorces[names.index('李四')])
```

执行以上语句,输出 65。

实际上,若学生的姓名、考试成绩为列表,也可以按以上方式查询考试成绩。

例 3-6 有一份某门课程的考生名单 A01、A02、A03、A06、B01、B02、B05、B06,并分别用字符串、列表以及元组表示,针对以上几种对象,分别统计参加考试的考生人数。

```
# 例 3-6.py
s = "A01,A02,A03,A06,B01,B02,B05,B06"
lst = ['A01','A02','A03','A06','B01','B02','B05','B06']
tup = ('A01','A02','A03','A06','B01','B02','B05','B06')
num1 = s.count(',') + 1
num2 = len(s.split(','))
num3 = len(lst)
num4 = len(tup)
print(num1,num2,num3,num4)
```

执行以上程序,输出 8 8 8 8。

3.5 字　　典

在 Python 中,列表、元组、字符串等可以通过索引号访问其中的元素,而在某些应用场合,需要通过名字来访问值。Python 提供了字典(dictionary)数据类型,解决这类应用问题。字典是包含若干"键:值"元素的无序可变序列,字典中的每个元素包含用冒号分隔开的"键"和"值"两部分(称为键值对),表示一种映射或对应关系,又称关联数组。定义字典时,每个元素的"键"和"值"之间用冒号分隔,不同元素之间用逗号分隔,所有元素放在一对大括号"{ }"中。

字典中元素的"键"可以是 Python 中任意不可变数据,如整数、实数、复数、字符串、元组等,但不能使用列表、集合、字典或其他可变类型作为字典的"键"。字典中的"键"不允许重复,"值"是可以重复的。

字典除了提供基本操作外,还提供了方法程序实现对字典对象的操作。常用的字典方法及其功能说明见表 3-8。

表3-8　常用的字典方法及其功能说明

方　　法	功　能　说　明
Dct.keys()	返回字典键的列表
Dct.values()	返回字典值的列表
Dct.items()	返回字典的键值对(元组)构成的列表
Dct.get(key,default=None)	返回字典key对应的值,如果该键不存在,返回default值
Dct.copy()	返回字典的副本
Dct.pop(key[,default])	返回字典key对应的值,同时将该键值对在字典中删除
Dct.clear()	清空字典所有元素
Dct.update(dict2)	将dict2字典中的键值对添加到Dct字典中,若键已经存在则更新键的值
Dct.setdefault(key,default = None)	如果键存在,返回对应的值;如果键不存在,则增加键值对,值为default,若没有default参数,值为None
Dct.fromkeys(seq,val = None)	创建一个新字典,序列seq的元素作为键,val作为所有键的值,若省略val参数,则值为None

3.5.1 字典创建

1. 使用赋值语句创建

使用赋值语句将一个字典赋值给一个变量即可创建一个字典变量。例如：

```
>>> Dict1 = {'name': '张三', 'age': 18}
>>> Dict1
{'name': '张三', 'age': 18}
>>> Dict2 = {}                                          # 空字典
>>> Dict2
{}
```

字典中的"键"不允许重复,"值"是可以重复的,而且"值"可以是列表、元组等序列。例如：

```
>>> Dict2 = {'name': '王','sex': 'male','age': 19, 'score': [98, 97]}
                                                        # 值为列表
>>> Dict2 = {1: '王', 2:'male',3:19, 4: [98, 97]}       # 键为整数
>>> len(Dict2)                                          # 字典元素,4 个
4
```

2. 使用 dict() 函数创建

使用内置函数 dict() 创建字典,可以创建空字典,也可以将序列类型数据对象转换为字典。例如：

```
>>> Dict3 = dict()                                      # 空字典
>>> type(Dict3)                                         # 查看对象类型
<class 'dict'>
>>> Dict4 = dict(name='李四', age=39)                   # 以关键参数的形式创建字典
>>> Dict4
{'name': '李四', 'age': 39}
>>> Dict5 = dict([('赵',680),('钱',540),('孙',690),('李',480)])
>>> Dict5
{'赵': 680, '钱': 540, '孙': 690, '李': 480}
>>> Dict6 = dict((('赵',680),('钱',540),('孙',690),('李',480)))
>>> Dict6
{'赵': 680, '钱': 540, '孙': 690, '李': 480}
>>> Dict7 = dict(赵 = 680, 钱 = 540, 孙 = 690, 李 = 480)
>>> Dict7
{'赵': 680, '钱': 540, '孙': 690, '李': 480}
>>> keys = ['a', 'b', 'c', 'd']
>>> values = [1, 2, 3, 4]
>>> Dict8 = dict(zip(keys, values))                     # 根据已有数据创建字典
>>> Dict8
{'a': 1, 'b': 2, 'c': 3, 'd': 4}
```

可见,只要存在元素与元素之间的对应关系,就可以通过 dict() 函数生成字典。

3. 使用 fromkeys() 方法创建

fromkeys() 方法可以创建一个所有键的值都相等的字典,参数 seq 是一个可迭代对象,所有键值为 value,当 value 省略时,则键值为 None。例如：

```
>>> Dict9 = {}.fromkeys(['赵', '钱', '孙', '李'], 500)
```

```
                               # 以列表元素为"键",创建"值"为500的字典
>>> Dict9
{'赵': 500, '钱': 500, '孙': 500, '李': 500}
```

3.5.2 字典元素的访问

字典中的每个元素表示一种映射关系或对应关系,根据提供的"键"作为下标就可以访问对应的"值",如果字典中不存在这个"键"会出错。例如:

```
>>>Dict1 = {'赵': 680, '钱': 540, '孙': 690, '李': 480}
>>> Dict1['钱']                  # 指定的"键"存在,返回对应的"值"
540
>>> Dict1['王']                  # 指定的"键"不存在,出错
Traceback (most recent call last):
    File "<pyshell#548>", line 1, in <module>
        Dict1['王']
KeyError: '王'
```

字典的 get() 方法也可用来返回指定键对应的值,指定的键不存在时,不出错,并且允许指定该键不存在时返回特定的默认值。例如:

```
>>> Dict1.get('钱')              # 如果字典中存在该"键"则返回对应的"值"
540
>>> Dict1.get('王')              # 指定的"键"不存在时,又没有指定默认值,不输出
>>> Dict1.get('王', 'null')      # 指定的"键"不存在时,返回指定的默认值
'null'
```

可以看出,在访问字典元素时,若不能确定字典中存在对应的键,使用 get() 方法比通过键作为下标访问值更具有健壮性。

使用字典对象的 keys() 方法可以返回字典的键,values() 方法可以返回字典的值,items() 方法可以返回字典的键值对。例如:

```
>>>Dict1 = {'赵': 680, '钱': 540, '孙': 690, '李': 480}
>>> Dict1.keys()                 # 返回字典的键
dict_keys(['赵', '钱', '孙', '李'])
>>> Dict1.values()               # 返回字典的值
dict_values([680, 540, 690, 480])
>>> Dict1.items()                # 返回字典的键值对
dict_items([('赵', 680), ('钱', 540), ('孙', 690), ('李', 480)])
```

3.5.3 字典元素的添加与修改

字典可以通过键对值进行修改以及为字典增加新的键值对。当以指定"键"作为下标为字典元素赋值时,若该"键"存在,则表示修改该"键"对应的值;若不存在,则表示添加一个新的"键:值"对,也就是添加一个新元素。例如:

```
>>>Dict1 = {'赵': 680, '钱': 540, '孙': 690, '李': 480}
>>> Dict1['赵'] = 700            # 修改元素值
>>> Dict1['王'] = 650            # 添加新元素
>>> Dict1
{'赵': 700, '钱': 540, '孙': 690, '李': 480, '王': 650}
```

使用字典对象的 update() 方法可以将另一个字典的"键:值"一次性全部添加到当前字典

中，如果两个字典中存在相同的"键"，则以另一个字典中的"值"为准对当前字典进行更新。例如：

```
>>>Dict1 = {'赵': 680, '钱': 540, '孙': 690, '李': 480}
>>>Dict2 = {'王': 650, '孙': 700}
>>> Dict1.update(Dict2)              #修改'孙'键的值,同时添加新元素'王': 650
>>> Dict1
{'赵': 680, '钱': 540, '孙': 700, '李': 480, '王': 650}
```

使用字典对象的 setdefault() 方法可实现字典值的修改和字典元素的添加。如果键存在，它与 get() 类似，返回对应的值；如果键不存在，则增加键值对，值为 None 或为设置的默认值。例如：

```
>>> Dict1 = {'赵': 680, '钱': 540, '孙': 690, '李': 480}
>>> Dict1.setdefault('钱')           #键存在,返回键的值
540
>>> Dict1.setdefault('王')           #键不存在,无返回键,增加键值对,值为None
>>> Dict1
{'赵': 680, '钱': 540, '孙': 690, '李': 480, '王': None}
>>> Dict1.setdefault('张',700)       #键不存在,返回键默认值,增加键值对,值为默认值
700
>>> Dict1
{'赵': 680, '钱': 540, '孙': 690, '李': 480, '王': None, '张': 700}
>>> Dict1.setdefault('赵',700)       #键存在,返回键的值,不会修改键的值
680
>>> Dict1
{'赵': 680, '钱': 540, '孙': 690, '李': 480, '王': None, '张': 700}
```

如果需要删除字典中指定的元素，可以使用 del 命令。如果字典中不存在要删除的"键"则会出错。可以使用 clear() 方法，删除字典中所有元素。例如：

```
>>>Dict1 = {'赵': 680, '钱': 540, '孙': 690, '李': 480}
>>>del Dict1['孙']                   #删除字典中的元素
>>> Dict1
{'赵': 680, '钱': 540, '李': 480}
>>> del Dict1['张']
Traceback (most recent call last):
    File "<pyshell#577>", line 1, in <module>
        del Dict1['张']
KeyError: '张'
>>> Dict1.clear()                    #删除字典中所有元素
>>> Dict1
{}
```

使用字典对象的 pop() 方法可以删除指定键的元素并弹出相应的值。如果字典中不存在要删除的"键"会出错，但可以增加默认值选项，避免出错。例如：

```
>>> Dict1 = {'赵': 680, '钱': 540, '孙': 690, '李': 480}
>>> Dict1.pop('钱')                  #弹出指定键对应的值,并删除该键值对
540
>>> Dict1
{'赵': 680, '孙': 690, '李': 480}
>>> Dict1.pop('王')                  #弹出的键不存在,报出错
```

```
Traceback (most recent call last):
    File "<pyshell#589>", line 1, in <module>
        Dict1.pop('王')
KeyError: '王'
>>> Dict1.pop('王', 'None')        # 弹出的键不存在,增加默认值避免出错
'None'
```

可以看出,在删除字典元素时,若不能确定字典中存在对应的键,使用带默认值的 pop() 方法,可以增加程序的健壮性。

3.5.4 字典应用举例

例 3-7 对于以下几个公司的股票数据,构造公司代码和股票价格的字典,并按公司代码顺序输出。

```
alist = [('sh603931', '格林达', '30.79'),
         ('sh600868', '梅雁吉祥', '3.69'),
         ('sh600310', '桂东电力', '4.48'),
         ('sh600678', '四川金顶', '8.20'),
         ('sh600008', '首创股份', '3.45')]
```

算法分析:可用循环将公司名称和股票价格分别增加到一个新列表中,再利用 zip() 和 dict() 函数将这两个列表转换成字典。字典没有排序方法,但字典使用 items() 方法解包为键值对,再通过 sorted() 函数排序。

```
# 例 3-7.py
alist = [('sh603931', '格林达', '30.79'),
         ('sh600868', '梅雁吉祥', '3.69'),
         ('sh600310', '桂东电力', '4.48'),
         ('sh600678', '四川金顶', '8.20'),
         ('sh600008', '首创股份', '3.45')]
list_no = []
list_value =[]
for x in alist:                                       # 遍历列表
    list_no.append(x[1])
    list_value.append(x[2])

dict_stock = dict(zip(list_no,list_value))
for k,v in sorted(dict_stock.items()):                # 字典解包并排序
    print(k,":",v)
```

执行程序,输出结果:

```
sh600008 : 3.45
sh600310 : 4.48
sh600678 : 8.20
sh600868 : 3.69
sh603931 : 30.79
```

例 3-8 首先生成包含 100 个随机字母的字符串,然后统计每个字符出现的次数。

算法分析:定义由字母构成的字符串变量 x,利用随机数模块的 choice() 方法,随机产生 100 个字母元素的列表 y,然后将 y 中每个元素连接成字符串 z,再遍历 z 的每个字符,在字典 d 中记数,最后输出统计结果。

```
# 例3-8.py
import random
x = 'abcdefghijklmnopqrstuvwxyz'
y = [random.choice(x) for i in range(100)]
z = ''.join(y)
d = dict()                              # 使用字典保存每个字符出现的次数
for ch in z:
    d[ch] = d.get(ch, 0) + 1

for item in d.items():
    print(item)
```

执行程序，运行结果（字符串是随机生成的，每次运行结果不相同）：

```
('w', 8)
('p', 9)
('v', 4)
('f', 4)
('e', 6)
('x', 2)
('z', 5)
('k', 3)
('n', 4)
… 省略
```

3.6 集　　合

Python 中集合（set）的概念与数学中的概念一样，是一个无序不重复元素的组合，使用一对大括号"{}"作为定界符，元素之间使用逗号分隔，同一个集合内的每个元素都是唯一的，元素之间不允许重复。另外，集合中只能包含数字、字符串、元组等不可变类型（或者说可哈希）的数据，而不能包含列表、字典、集合等可变类型的数据。

Python 中的集合具有同数学集合一样的基本运算，运算符见表3-9。

表3-9　集合运算符

运算符	功能说明	例　子
in	是否为集合的成员	1 in {1, 2, 3}
not in	是否不是集合的成员	4 not in {1, 2, 3}
==	判断集合是否相等	{1, 2, 3} == {2, 3, 4}
!=	判断集合是否不相等	{1, 2, 3} != {2, 3, 4}
<	判断是否为集合的真子集	{1, 2, 3} < {2, 3, 4}
<=	判断是否为集合的子集	{1, 2, 3} <= {2, 3, 4}
>	判断是否为集合的真超集	{1, 2, 3} > {2, 3, 4}
>=	判断是否为集合的超集	{1, 2, 3} >= {2, 3, 4}
&	交集	{1, 2, 3} & {2, 3, 4}
|	合集	{1, 2, 3} | {2, 3, 4}
-	差补或相对补集	{1, 2, 3} - {2, 3, 4}
^	对称差分	{1, 2, 3} ^ {2, 3, 4}

集合除了提供的基本运算外，还提供了方法程序实现对集合对象的操作。Python 中集合又分为可变集合（set）和不可变集合（frozenset）。对于所有集合均适用的方法及功能说明，见表 3-10。

表3-10 集合方法及功能说明

方　　法	功　能　说　明
s.issubset(t)	判断s是否为t的子集
s.issuperset(t)	判断s是否为t的超集
s.union(t)	返回新集合，s和t的并集
s.intersection(t)	返回新集合，s和t的交集
s.difference(t)	返回新集合，属于s但不属于t的成员
s.symmetric_difference(t)	返回新集合，只属于s和t其中一个集合的成员
s.copy()	返回集合s的副本

对于可变集合适应的方法及功能说明见表 3-11。

表3-11 可变集合适应的方法及功能说明

方　　法	功　能　说　明
s.update(t)	修改集合s，使s包含s和t并集的成员
s.intersection_update(t)	修改集合s，使s包含s和t交集的成员
s.difference_update(t)	修改集合s，使s包含只属于s但不属于t的成员
s.symmetric_difference_update(t)	修改集合s，使s包含只属于s和t其中一个集合的成员
s.add(obj)	添加obj到集合s中
s.remove(obj)	从集合s中删除obj，如果obj不存在，出错
s.discard(obj)	从集合s中删除obj，如果obj不存在，不出错，没有任何操作
s.pop()	从集合s中随机删除一个成员，并返回这个成员
s.clear()	清空集合s中的所有成员

3.6.1　集合的创建

用赋值语句直接创建集合，例如：

```
>>> Set1 = {1,2,3,4,5}
>>> type(Set1)
<class 'set'>
>>> len(Set1)                                    # 集合元素个数
5
```

使用 set() 函数将列表、元组、字符串、range 对象等可迭代对象转换成集合。如果原来的数据中存在重复元素，则在转换时删除重复元素只保留一个；如果原来的数据有不可散列的值，则无法转换成集合，并出错。例如：

```
>>> Set2 = set()                                 # 生成空集合
>>> Set2
```

```
set()
>>> Set3 = set('Hello!')                    #转换时自动去掉重复元素
>>> Set3
{'H', '!', 'o', 'e', 'l'}
>>> Set4 = set([1,2,2.5,3,4,5,3])           #转换时自动去掉重复元素
>>> Set4
{1, 2, 3, 2.5, 4, 5}
>>> Set5 = set(range(1,11))                 #把range对象转换为集合
>>> Set5
{1, 2, 3, 4, 5, 6, 7, 8, 9, 10}
>>> Lst1 = [(1,2),(3,4)]                    #列表的元素是列表元组,元组是不可变的
>>> Set6 = set(Lst1)
>>> Set6
{(1, 2), (3, 4)}
>>> Lst2 = [[1,2],[3,4]]                    #列表的元素是列表,而列表是可变的
>>> Set7 = set(Lst2)
Traceback (most recent call last):
    File "<pyshell#666>", line 1, in <module>
        Set7 = set(Lst2)
TypeError: unhashable type: 'list'
```

使用 frozenset() 函数创建不可变集合,例如:

```
>>> fSet = frozenset('hello!')
>>> fSet
frozenset({'h', '!', 'o', 'e', 'l'})
>>> type(fSet)
<class 'frozenset'>
```

当不再使用某个集合时,可以使用 del 命令删除整个集合。

3.6.2 集合操作

1. 集合元素的增加

使用集合的 add() 方法可以增加新元素,如果该元素已存在则忽略该操作,不会出错。使用 update() 方法合并另外一个集合中的元素到当前集合中,并自动去除重复元素。例如:

```
>>> s1 = {'a','b', 'c'}
>>> s1.add('d')                             #添加元素
>>> s1
{'d', 'b', 'a', 'c'}
>>> s1.add('b')                             #添加元素,重复元素自动忽略
>>> s1
{'d', 'b', 'a', 'c'}
>>> s1.update({'b', 'e'})                   #更新当前字典,自动忽略重复的元素
>>> s1
{'c', 'd', 'e', 'b', 'a'}
```

2. 集合元素的删除

remove() 方法用于删除集合中的指定元素,如果指定元素不存在,则出错;discard() 方法用于从集合中删除一个特定元素,如果元素不在集合中则忽略该操作;pop() 方法用于随机删除并返回集合中的一个元素,如果集合为空则出错;clear() 方法清空集合,删除所有元素。例如:

```
>>> s1 = {'a','b', 'c', 'd', 'e'}
```

```
>>> s1.discard('c')              # 删除元素，不存在则忽略该操作
>>> s1
{'b', 'a', 'd', 'e'}
>>> s1.remove('b')               # 删除元素，元素不存在时出错
>>> s1
{'a', 'd', 'e'}
>>> s1.pop()                     # 随机删除元素，并返回其值
'a'
>>> s1
{'d', 'e'}
>>> s1.clear()                   # 删除所有元素
>>> s1
set()
```

3. 集合的运算

集合的运算包括交集、并集、差集等运算，可以使用运算符表达式进行。例如：

```
>>> s1 = {1, 2, 3, 4, 5}
>>> s2 = {4, 5, 6, 7, 8, 9}
>>> s1 | s2                      # 并集
{1, 2, 3, 4, 5, 6, 7, 8, 9}
>>> s1 & s2                      # 交集
{4, 5}
>>> s1 - s2                      # 差集
{1, 2, 3}
>>> s1 ^ s2                      # 对称差集
{1, 2, 3, 6, 7, 8, 9}
```

集合的交集、并集、差集等运算，还可以使用集合的方法来实现，例如：

```
>>> s1.union(s2)                 # 并集
{1, 2, 3, 4, 5, 6, 7, 8, 9}
>>> s1
{1, 2, 3, 4, 5}
>>> s1.intersection(s2)          # 交集
{4, 5}
>>> s1.difference(s2)            # 差集
{1, 2, 3}
>>> s1.symmetric_difference(s2)  # 对称差集
{1, 2, 3, 6, 7, 8, 9}
```

集合还包括包含关系运算，可以使用运算符表达式运算，例如：

```
>>> x = {1, 2, 3}
>>> y = {1, 2, 5}
>>> z = {1, 2, 3, 4}
>>> x < y                        # 比较集合大小 / 包含关系
False
>>> x < z                        # 真子集
True
>>> y < z
False
>>> {1, 2, 3} <= {1, 2, 3}       # 子集
True
```

3.6.3 集合应用举例

例 3-9 现有一份员工信息登记表，但有部分姓名重复登记了，如何快速删除重复记录这个问题？

```
>>> names = ['张三', '李四', '赵六', '张三', '王五', '李四']
>>> namesSet = set(names)
>>> namesSet
{'李四', '赵六', '王五', '张三'}
```

小 结

本章主要介绍了 Python 中内置的字符串、列表、元组、字典、集合等序列数据类型。介绍了序列元素的访问方式以及使用内置函数、对象的方法对序列对象操作的方法。

字符串、列表、元组为有序序列，字典、集合为无序序列。列表、字典、集合为可变序列，而字符串、元组为不可变序列。介绍了序列的索引、切片、重复、连接运算以及序列内置函数的使用。

字符串部分包括字符串的创建、转义字符、字符串格式化以及字符串对象的切分、连接、替换和排版等方法的使用。

列表部分包括列表的创建以及列表对象元素的增加、删除、访问、计数、排序等方法的使用。

元组部分包括元组的创建以及元组对象元素的访问以及元组生成器。

字典部分包括字典的创建、字典元素的访问以及字典对象键值对的增加、删除、更新等方法的使用。

集合部分包括集合的创建、集合运算符以及集合对象方法的使用。

习 题

1. 表达式 "aaaabacdefa".strip("af") 的结果为 _____。
2. 已知 x = ["I", "YOU"]，则 'LOVE'.join(x) 的结果为 _____。
3. 表达式 '{} love {}'.format('I','you!') 的结果为 _____。
4. 已知 x=list(range(11))，则表达式 x[-3:] 的值为 _____。
5. 已知 L1=[1,2,3,4,5,6,7,8]，则 L1[1:3] 的值为 _____，L1[:3] 的值为 _____，L1[-1:] 的值为 _____。
6. 已知 xList=['Jan.','Feb.','Mar.','Apr.','May.','Jun.']，则 xList [::2] 的值为 _____，xList [1::2] 的值为 _____。
7. 已知 Lst3=[1,2,3,4,5,6,7,8]，执行 Lst3[:2] =[] 后，Lst3 的值为 _____。
8. 已知 x=[3,2,7,5]，执行 x.sort() 后，x 的值为 _____，再执行 x.sort(reverse=True) 后，x 的值为 _____。
9. 已知 x=[3,2,7,5]，执行 x.pop() 后，x 的值为 _____。
10. 已知有员工姓名和工资信息表 {'王五':8000,'张三':7000,'李四':4500,'赵七':7500}，如何单独输出员工姓名和工资金额？

11. 已知 x={1:'a',2:'b',3:'e'}，执行 x.get(3,'c') 后，x 的结果为 _____，再执行 x.get(4,'d') 后，x 的结果为 _____。

12. 已知 s = "apple, peach, banana, pear"，则 s.partition('banana') 的结果为 _____。

13. 已知人事部门有两份人员和工资信息：aInfo = {'Wangdachui': 3000, 'Niuyun': 2000, 'Lilin': 4500}，bInfo = {'Wangdachui': 4000, 'Niuyun': 9999, 'Wangzi': 6000}，aInfo 是原有信息，bInfo 是公司中有工资更改人员和新进人员的信息，使用 _____ 可以较快地获得完整的信息表。

14. 表达式 list(enumerate({'a':97, 'b':98, 'c':99}.items())) 的结果为 _____。

15. 已知 s1 = {'a','b', 'c'}，s2 = {'b','a', 'c'}，则 s1==s2 的值为 _____，s1 is s2 的值为 _____。

16. 设计一个例子，使用 copy 模块的 deepcopy() 方法，验证列表的深复制效果。

17. 修改例 3-8 程序，使得统计结果按字母顺序输出。

第 4 章 程序控制结构

在学习了 Python 的基本数据类型后，下面开始接触 Python 程序的控制结构，了解 Python 是如何使用控制结构来更改程序的执行顺序以满足多样的功能需求。结构化程序设计由三种基本结构组成：顺序结构、分支结构和循环结构。下面学习 Python 的程序控制结构。

4.1 概 述

开发计算机应用的核心内容就是设计解决实际应用问题的程序（即软件）。随着软件规模的日益庞大，程序的结构化、可维护性、可重用性、可扩展性等因素越来越重要。随之，程序设计的方法和技术也在不断发展。20 世纪 60 年代人们提出了结构化程序设计方法。

结构化程序设计方法的主要思想通常包括以下原则：自顶向下、逐步求精、模块化结构开发。程序流程应使用三种基本结构来控制：顺序、分支和循环。在采用结构化程序设计方法时，程序被分成多个功能相对独立的模块，其优点是系统结构性强、便于设计和理解。

4.2 顺序结构

在顺序结构中，程序根据语句的书写顺序从前到后依次执行语句。顺序结构的流程图如图 4-1 所示，按照顺序先执行 A 部分，再执行 B 部分。顺序结构程序中通常包含赋值语句和程序语言自带的输入/输出函数。

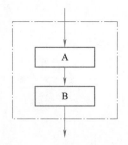

图 4-1　顺序结构的流程图

4.2.1 赋值语句

赋值语句的作用是用于给某个对象赋值。其一般形式为：变量 = 表达式。Python 中的赋值语句形式多样，常见的如基本赋值、链式赋值、多重赋值等。

基本赋值的语法格式为：变量名 = 表达式，其中"="为赋值号。例如：

```
>>> x = 123
>>> mystring = 'hello world'
```

链式赋值是将同一个值赋给多个变量,可以一次性为不同的变量赋同一个值。例如:

```
>>> x = y = z = 123
>>> mystring = yourstring = 'hello world'
```

在 Python 语言中,多重赋值是指可以一次性给多个变量同时赋值。

多重赋值的语法格式为:变量 1,变量 2,…,变量 n= 表达式 1,表达式 2,…,表达式 n。例如:

```
>>> x,y = 'hello','world'    #x 赋值为 hello,y 赋值为 world
```

多重赋值的本质是元组打包和序列解包的过程。上例中首先将赋值号右边的表达式打包交给临时元组 temp,再将 temp 序列解包给赋值号左边的变量,将 'hello' 指派给变量 x,将 'world' 指派给变量 y,因此多重赋值通常又称序列解包。

在 Python 中,多重赋值是一个非常实用的赋值方法,恰当使用,可以让程序变得更加简洁、高效。

Python 中还有其他一些赋值形式,见表 4-1。

表 4-1　Python 中的其他赋值形式

表达式	等价式
n+=25	n=n+25
n*=25	n=n*25
n-=25	n=n-25
n/=25	n=n/25

4.2.2　基本输入 / 输出

编写程序时,通常需要输入和输出数据,所以大多数语言都提供了内置的输入 / 输出函数供编程人员使用。在 Python 语言中,标准的输入 / 输出函数为 input() 和 print()(本书第 2 章中已详细介绍)。

input() 函数的使用举例如下:

```
>>> x = input('请输入 0 到 10 之间的整数:')
请输入 0 到 10 之间的整数:3
>>> x
'3'
```

可以看到返回的 x 变量是一个字符串类型,如果想要得到整型变量,需要使用类型转换函数将输入数据转换为需要的类型。例如:

```
>>> x=int(input('请输入 0 到 10 之间的整数:'))
请输入 0 到 10 之间的整数:3
>>> x
3
```

注意:Python 2.x 中的 input() 函数返回的是数值类型。

print() 函数的使用举例如下:

```
>>>print(1)
```

```
1
>>> print("Hello World")
Hello World
>>> a = 1
>>> b = 'Python'
>>> print(a,b)                                          #打印两个变量
1 Python
>>> print("www","Python","com",sep=".")                 #设置间隔符
www.Python.com
```

下面通过例 4-1 体会程序中顺序结构的执行过程。

例 4-1 实现两个变量 x、y 的值的交换:

```
x,y = 3,5                               # 将 3 赋值给 x, 将 5 赋值给 y
print("------ 交换前 ------")            # 打印出 "------ 交换前 ------" 字符串
print("x = ",x,"y = ",y)                # 打印出交换前 x、y 的值
x,y = y,x                               # 将 y 赋值给 x, 将 x 赋值给 y
print("------ 交换后 ------")            # 打印出 "------ 交换后 ------" 字符串
print("x = ",x,"y = ",y)                # 打印出交换后 x、y 的值
```

程序的执行结果如下:

```
------ 交换前 ------
x = 3 y = 5
------ 交换后 ------
x = 5 y = 3
```

说明:程序代码从上到下顺序执行。在例 4-1 中,利用了多重赋值的技巧,直接实现了变量 x、y 的值的交换,而在其他程序设计语言中,大多需要借助第三个变量(temp=x,x=y,y=temp)实现。

4.3 分支结构

在程序设计中,经常会遇到一类问题,要求根据某些条件的逻辑结果决定要执行的程序语句。实现这种控制结构的语句称为分支结构语句(又称选择结构)。Python 中实现分支结构最常用的是 if 语句。

根据 if 语句实现分支数的不同,if 语句分为单分支、双分支和多分支结构三种形式,下面对这三种结构进行说明。

4.3.1 if 语句(单分支结构)

if 语句的单分支结构如图 4-2 所示。
语法格式:

```
if condition:
    statement_block
```

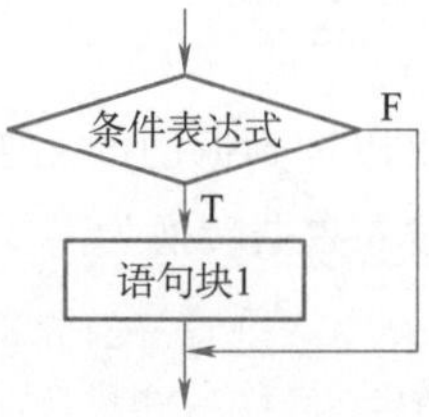

图4-2 单分支if结构流程图

说明:condition 为条件表达式(一般是关系表达式或逻辑表达式),表达式值为 True(真)或 False(假),当表达式的值为 True 时,执行 statement_block 语句块;表达式值为 False(假)则跳过语句块,执行 if 结构后面的语句。

语句块可以是一条语句,也可以由多条语句构成,同一语句块的多条语句必须在同一列上进行相同的缩进。

例 4-2　用分支结构实现狗狗和人类年龄的转换。转换规则见表 4-2。

表 4-2　例 4-2 转换规则

狗狗年龄	人类年龄
1岁	18岁
2岁	24岁
>2岁	狗狗每增加1岁,人类增加5岁

程序代码如下:

```
age = int(input("请输入你家狗狗的年龄："))
if age == 1:
    print("相当于 18 岁的人")
```

代码执行后当输入 1,则打印出"相当于 18 岁的人"。

在实际执行中,当条件为假时有时也需要执行操作,这就需要用到 else 语句。

4.3.2　else 语句（双分支结构）

if 语句的双分支结构如图 4-3 所示。

语法格式:

```
if condition:
    statement_block_1
else:
    statement_block_2
```

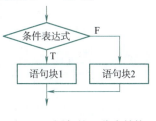

图4-3　if语句的双分支结构流程图

说明:当 condition 表达式的值为 True 时,执行 statement_block_1 语句块;表达式值为 False(假)则执行 statement_block_2。

else 必须与 if 对齐,并且它们所在的语句后面都必须有冒号。

例 4-3　接例 4-2,用双分支结构实现狗狗和人类年龄的转换。

程序代码如下:

```
age = int(input("请输入你家狗狗的年龄："))
if age == 1:
    print("相当于 18 岁的人")
else:
    print("狗狗年龄大于 18 岁")
```

代码执行后当输入 1,则打印出"相当于 18 岁的人",输入的数值大于 1 时则打印出"狗狗年龄大于 18 岁"。

if-else 双分支结构在分支结构中使用非常频繁,但有时可能会面对更多的分支选择,比如上述例题中,如果希望能够得到狗狗和人类年龄的准确转换,就需要用到多个分支情况,这就需要使用 elif 子句。

4.3.3　elif 语句（多分支结构）

if 语句的多分支结构如图 4-4 所示。

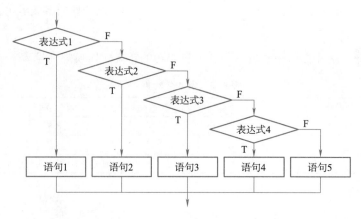

图 4-4 多分支 if 结构流程图

语法格式：

```
if condition_1:
    statement_block_1
elif condition_2:
    statement_block_2
...
elif condition_n-1:
    statement_block_n-1
else:
    statement_block_n
```

说明：当 condition_1 表达式的值为 True 时，执行 statement_block_1 语句块；表达式值为 False 则执行 condition_2 表达式的判断。condition_2 表达式的值为 True 时，执行 statement_block_2 语句块；表达式值为 False 则执行 condition_3 表达式的判断，依此类推。当 condition_n-1 表达式值为 False 时，则执行 else 部分的 statement_block_n。

elif 是 "else if" 的缩写，须与 else 和 if 对齐，并且它们所在语句后面都必须有冒号。

例 4-4 接例 4-3，用多分支结构实现狗狗和人类年龄的转换。

程序代码如下：

```
age = int(input("请输入你家狗狗的年龄："))
if age <= 0:
    print("狗狗也太小了吧!")
elif age == 1:
    print("相当于 18 岁的人。")
elif age == 2:
    print("相当于 24 岁的人。")
else:
    human = 24 + (age -2)*5
    print("对应人类年龄： ", human)
```

代码执行后当输入小于 1 时，则打印出 "狗狗也太小了吧!"，输入的数值等于 1 时则打印出 "相当于 18 岁的人。"，输入的数值等于 2 时则打印出 "相当于 24 岁的人。"，输入的数值大于 2 时则通过转换规则计算出等价的人类年龄。

4.3.4 嵌套的if语句

当想表达更加复杂的分支结构时，可以采用嵌套的方式实现，也就是说，在 if 语句中可以再嵌套 if 语句。其嵌套形式多样，但须将嵌套的 if 语句完整地放在被嵌套 if 语句的某条分支路径上，嵌套应遵循包含而不交叉的原则进行。比如以下的 if 语句嵌套语法格式：

```
if 表达式1:
    语句
    if 表达式2:
        语句
    elif 表达式3:
        语句
    else:
        语句
elif 表达式4:
    语句
else:
    语句
```

说明：该语法格式是将一个if多分支结构嵌套在另一个if多分支结构的第一条分支路径上。嵌套的 if 结构是基于缩进来匹配 if、elif 和 else 的，同一列的关键词属于同一个 if 结构。

例如以下的嵌套形式：

```
if 表达式1:
    if 表达式2:
        语句
else:                #这个else是匹配第一个if的
    语句
```

说明：该结构是在一个 if 双分支结构中嵌套一个 if 单分支结构。

而以下嵌套形式：

```
if 表达式1:
    if 表达式2:
        语句
    else:            #这个else是匹配第二个if的
        语句
```

说明：该结构是在一个 if 单分支结构中嵌套一个 if 双分支结构。

例 4-5 分别用 if 多分支结构和 if 嵌套结构实现对正整数奇偶性的判断。

多分支结构实现的程序如下：

```
x = int(input("请输入一个正整数："))
if x < 0:
    print("这不是一个正整数")
elif (x % 2) == 0:
    print("这是一个偶数。")
else:
    print("这是一个奇数。")
```

嵌套 if 结构实现的程序如下：

```
x = int(input("请输入一个正整数："))
if x < 0:
    print("这不是一个正整数")
else:
    if (x % 2) == 0:
        print("这是一个偶数。")
    else:
        print("这是一个奇数。")
```

说明：两段程序实现相同的功能，但语法结构上不一样。第一段代码利用三条分支路径，分别判断<0、>=0 并且是偶数、>=0 并且是奇数三种情况；第二段程序利用 if 的嵌套形式，在一个 if 的双分支结构的 else 路径上嵌套了一个 if 双分支语句，第一个 if 的双分支用来判断<0 和 >=0 两种情况，而在 >=0 的路径上，再利用双分支结构，判断奇数和偶数的情况。

4.4 循环结构

在程序设计中，经常会发现计算的数据之间存在着规律性变化，或者需要重复地执行相同的处理步骤，这时就可以使用循环结构对其进行迭代计算或重复实现，这就是程序控制结构中的循环结构。

循环结构可以看成是一个条件判断语句和一个向回转向语句的组合。循环结构中通常包含三个要素：循环变量、循环体和循环终止条件。根据循环变量是否满足循环终止条件决定循环体的执行与否。在 Python 中，循环结构主要通过 while 语句和 for 语句实现。

4.4.1 while语句

while 语句是"当型"循环结构，当循环条件满足时执行循环体，循环条件不满足时离开循环体。其流程图如图 4-5 所示。

while 语句的语法格式：

```
while 判断条件(condition):
    执行语句序列(statements)
```

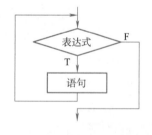

图4-5 while循环结构流程图

说明：

① 执行语句序列可以是单个语句或语句块。判断条件为真时执行循环体，判断条件为假时，循环结束。

② while 语句是先判断再循环，所以当判断条件第一次即为假时，循环体将一次也不执行。

③ 循环体中应有能够改变循环变量取值的语句，否则将无法结束循环，就是通常讲的死循环。

④ 循环体语句序列要保持相同的缩进，才能成为一组同一层次执行的语句。

例 4-6 利用循环语句计算 1+2+3+…+100 的值。

分析：累加是一个经典的循环问题，问题中的加数有明显的变化规律（后一个加数 = 前一个加数 +1），当前累加值 = 上一次的累加值 + 当前的加数，所以用循环结构实现非常合适，下面是用 while 语句实现的程序代码。

```
s=0                    # 累加和的初值
```

```
a=0                          # 加数的初值
while a<100:
    a=a+1
    s=s+a
print('1+2+3+…+100=',s)
```

注意：代码的缩进说明了 print 并不是循环体语句，所以只在循环结束后执行。

累加问题的核心在于加数的变化规律，比如上述问题变为 1+3+5+…+99，1−2+3−4+5−…+99−100 等形式，都是累加基本问题的变化。

例 4-7 查找一个正整数的所有因子。

分析：查找因子也是一个经典的循环问题，因子的查找范围从 1 到数本身，只需要重复判断是否可以被整除（取余为 0）即可，所以用循环结构实现非常合适，下面是用 while 语句实现的程序代码。

```
tmp=int(input('请输入一个正整数：'))
xlist = [1]                  # 创建列表，用来存放 temp 变量的因子
i = 2
while i <= tmp:
    if tmp % i == 0:
        xlist.append(i)      # 利用 append() 方法将因子追加入列表中
    i+= 1                    #i 自加不属于 if 语句的执行序列
```

4.4.2 for 语句

在 Python 中，for 语句和其他程序设计语言中的 for 语句有较大的差别，结合了 Python 丰富的数据类型（序列和字典等），使得 for 语句的功能更加强大。

for 语句的语法格式：

```
for 变量 in 可迭代对象：
    语句序列
```

说明：可迭代对象指的是可以按次序循环的对象，包括前面提到的序列（字符串、列表、元组）和迭代器以及其他可以迭代的对象等。for 循环执行时，循环变量依次取出可迭代对象中的一个值，执行循环语句序列，然后再取下一个值，继续执行语句序列，例如：

```
for i in ['apple','pear','banana']:
    print(i)
```

执行完毕后打印出结果：

```
apple
pear
banana
```

其中，['apple','pear','banana'] 是一个列表，for 循环依次取出列表中的字符串，并将其打印出来，所以输出了三行打印结果。

上面的例子如果用迭代器来实现就变成了以下代码：

```
for i in enumerate(['apple','pear','banana']):
    print(i)
```

执行完毕后打印出结果：

```
(0, 'apple')
(1, 'pear')
(2, 'banana')
```

注意：enumerate() 函数的作用是产生一个迭代器。for 循环迭代时为什么不直接使用列表等序列对象而使用迭代器呢？这是因为列表等迭代对象在每次迭代时须取出所有取值，会占用较多的内存，而迭代器则是迭代一次取出一次值计算，节省内存空间。使用迭代器还可以使代码更加通用、简单。

前面学到的 range 对象也常用在 for 循环中表示循环次数，例如以下代码：

```
s=0
for i in range(1,101):     #range(1,101)产生出（1,2,3,…,100）个数
    s=s+i
print(s)
```

也可以同样计算出 1～100 累计的和。

下面的代码段则是通过 range 对象，实现按照序列的索引进行迭代。

```
s=['apple','pear','banana']
for i in range(len(s)):    #相当于range(3)，产生出（0,1,2)
    print(s[i])            #循环变量i作为序列的索引
```

注意：除了上述 for 语句迭代方式外，Python 中也支持其他迭代形式，比如对字典的键或者文件的某一行等具有序列特征的可迭代对象进行迭代。

例 4-8 找出 10 个数中的最大数和最小数。

分析：利用 Python 中的随机函数产生 10 个整数，然后假设第一个数是最大数和最小数，依次比较每个数，遇到比最大值还要大的数就将该数赋给最大值变量，遇到比最小值还要小的数就将该数赋给最小值变量，全部比较完毕就得到了结果。

程序代码如下：

```
import random                             # 导入random模块，用于产生随机数
list_num = []
for i in range(10):                       # 产生10个随机数
    ran_num = random.randint(1,20)        # 产生1～20间的随机整数
    list_num.append(ran_num)
    print(ran_num)
print('----------- 取出列表中最大值和最小值 -------------')
min_num = list_num[0]                     # 将列表中的第一个数赋给最小值变量
max_num = list_num[0]                     # 将列表中的第一个数赋给最大值变量
for j in list_num:
    if min_num > j:                       # 判断是否比最小值变量的值还要小
        min_num = j
    if max_num < j:                       # 判断是否比最大值变量的值还要大
        max_num = j
print(' 最大值为 ',max_num,', 最小值为 ',min_num)
```

代码运行结果如下：

```
10
6
```

```
13
10
16
13
11
16
7
14
----------- 取出列表中最大值和最小值 --------------
最大值为 16, 最小值为 6
```

4.4.3 嵌套循环

和前面讲到的分支结构嵌套一样，循环结构也是可以嵌套的。这种在一个循环结构的循环体中，包含另一个或多个循环结构称为嵌套循环，又称多重循环。while 语句和 for 语句可以嵌套自身，也可以相互嵌套，组合成各种复杂的形式。

例 4-9 将 10 个随机正整数排序。

分析：排序问题可以理解为是多次挑选最值，所以可以利用例 4-8 挑选最值的方法，在循环中多次挑选最值，形成排序效果，下面的算法是常见的选择排序法，实现代码如下：

```
import random
list_num = []
print('----------- 排序前 --------------')
for i in range(10):
    ran_num = random.randint(1,20)
    list_num.append(ran_num)
    print(ran_num,end=' ')            # 空格分隔，同行显示
for i in range(9):                    # 外循环，控制挑选最值的次数，10 个数，挑选 9 次
    for j in range(i+1,10):           # 内循环，控制比较的范围
        if list_num[i]>list_num[j]:
            list_num[i],list_num[j]=list_num[j],list_num[i]  # 两个数交换
print('')                             # 起到换行的作用
print('----------- 排序后 --------------')
for j in list_num:
    print(j,end=' ')
```

4.4.4 break、continue 语句和 else 子句

当在循环中需要提前终止循环或者提前结束本轮循环的执行（并不是终止整个循环）时，需要用到 Python 中的 break 语句和 continue 语句。

1. break 语句

break 语句的作用是提前终止当前循环，接着执行循环之后的语句，比如以下的程序：

```
from math import sqrt
i=1
while i<100:
    if sqrt(i)==int(sqrt(i)):
        print(i,end=' ')
    i+=1
```

说明：这段程序的作用是输出 100 以内的平方数。运行结果如下：

```
1 4 9 16 25 36 49 64 81
```

若在上述代码中加入 break，并将 i 的初值赋为 6，如下所示：

```
from math import sqrt
i=6
while i<100:
    if sqrt(i)==int(sqrt(i)):
        print(i,end=' ')
        break                  # 直接终止循环
    i+=1
```

说明：当循环执行到 i=9 时，if 语句的判断条件 sqrt(i)==int(sqrt(i)) 为真，则输出 9，并且接着执行 break 语句，提前终止循环，不再自加 i，所以后面的平方数就不再输出了。

2. continue 语句

continue 语句的作用是提前结束本轮循环，接着执行下一轮循环，所以上面的代码如果将 break 语句改为 continue 语句，形式如下：

```
from math import sqrt
i=6
while i<100:
    if sqrt(i)==int(sqrt(i)):
        print(i,end=' ')
        continue               # 直接结束本轮循环,不再执行循环体后面的语句,进入下一轮循环
    i+=1
```

说明：当循环执行到 i=9 时，if 语句的判断条件 sqrt(i)==int(sqrt(i)) 为真，则输出 9，并且接着执行 continue 语句，提前终止本轮循环，进入下一轮循环，因为没有执行 i+=1，所以 i 的值仍然是 9，接着重复上一轮的动作，所以就变成了不断地输出 9 的死循环。

3. else 子句

在 Python 中，if 语句中的 else 子句也可以在循环语句中使用，使用时将 else 子句放在 while 语句或者 for 语句的后面（和 while 或者 for 保持相同的缩进），如果循环正常结束，则执行 else 子句，否则不执行 else 子句。这种结构的设计使得开发者可以很清楚地知道循环是正常结束还是被提前终止的，使得程序开发更加简单，易于理解。比如例 4-10 的设计就展现了 else 子句的便捷性。

例 4-10 质数的判断（质数是指除了 1 和它本身外，没有其他因子的数）。

分析：质数的判断可以借鉴前面讲到的求一个数所有因子的方法，只需要从 2 到该数本身循环判断因子，找到一个因子，就可以提前结束循环，得出结论：该数不是质数。程序代码如下：

```
x=int(input('请输入需要判断的数: '))
for i in range(2,x):
    if x %i==0:
        print(x,' 不是质数 ')
        break
    else:
```

```
print(x,'是质数')
```

说明：如果输入的数 x 不是质数，则 x%i==0 为真，输出 x 不是质数，并且执行 break 语句，终止循环，所以 else 子句不会执行；如果输入的数 x 是质数，则 x%i==0 为在循环范围内不被满足，无法执行 break 语句，循环正常结束，所以 else 子句会执行，输出 x 是质数。else 子句很方便地实现了判断一个数是否为质数的算法。

4.4.5 特殊循环——列表解析

列表解析是 Python 的一种特有循环，它是一种通过 for 语句结合 if 语句，根据已有列表，高效创建新列表的方式。语法格式如下：

```
[表达式 for 变量1 in 序列1
      for 变量2 in 序列2
      ...
      for 变量n in 序列n
      if 条件]
```

说明：列表解析语句前后得有 []，列表解析中的多个 for 语句相当于循环嵌套使用。
例如：

```
>>> [x for x in range(10)]
[0, 1, 2, 3, 4, 5, 6, 7, 8, 9]
>>> [x*x for x in range(10)]
[0, 1, 4, 9, 16, 25, 36, 49, 64, 81]
>>> [x*x for x in range(10) if x>50]
[]
>>> [x*x for x in range(10) if x*x>50]
[64, 81]
>>> [x+y for x in range(3)  for y in range(3)]
[0, 1, 2, 1, 2, 3, 2, 3, 4]
```

第 1 个列表解析动态地创建了 0 ~ 9 整数序列。

第 2 个列表解析动态地创建了 0 ~ 9 的平方数序列。

第 3 个列表解析要求动态地创建大于 50 的数的平方数序列，因为 0 ~ 9 整数序列中没有大于 50 的数，所以为空序列。

第 4 个列表解析要求动态地创建大于 50 的平方数序列，因为 0 ~ 9 整数序列中 8 和 9 的平方数满足要求，所以为 [64, 81]。

第 5 个列表解析使用了两重循环嵌套，列出 x+y 的所有结果。因为 x 为 0、1、2，y 也为 0、1、2，所以 x+y 共有 9 个结果。

例 4-11 利用列表解析打印九九乘法表。
程序代码如下：

```
list1=[1,2,3,4,5,6,7,8,9]
list2=[1,2,3,4,5,6,7,8,9]
result=[str(i) + '*' + str(j) + '=' +str(j*i)  for i in list1   for j in list2  if j>=i]
print(result)
```

程序运行结果如下：

```
['1*1=1', '1*2=2', '1*3=3', '1*4=4', '1*5=5', '1*6=6', '1*7=7', '1*8=8', '1*9=9',
'2*2=4', '2*3=6', '2*4=8', '2*5=10', '2*6=12', '2*7=14', '2*8=16', '2*9=18', '3*3=9',
'3*4=12', '3*5=15', '3*6=18', '3*7=21', '3*8=24', '3*9=27', '4*4=16', '4*5=20',
'4*6=24', '4*7=28', '4*8=32', '4*9=36', '5*5=25', '5*6=30', '5*7=35', '5*8=40',
'5*9=45', '6*6=36', '6*7=42', '6*8=48', '6*9=54', '7*7=49', '7*8=56', '7*9=63',
'8*8=64', '8*9=72', '9*9=81']
```

说明：在这段程序的列表解析中，i 来自 list1，j 来自 list2，并且要满足条件 j>=i，这就去掉了重复的乘法口诀，有了上面的运行结果。

4.5 应用程序举例

下面通过几个相对复杂的程序展现 Python 的程序控制结构。

例 4-12 通过 if 子句的多分支结构，实现一个简单计算器功能。

分析：可以通过用户输入的选择，确定运算类型，然后通过多分支结构，将操作数按照选择的运算类型计算即可。程序代码如下：

```
print("选择运算：")
print("1. 相加 ")
print("2. 相减 ")
print("3. 相乘 ")
print("4. 相除 ")
choice = input("输入你的选择(1/2/3/4):")
num1 = int(input("输入第一个数字："))
num2 = int(input("输入第二个数字："))
if choice == '1':
    print(num1,"+",num2,"=", num1+num2)
elif choice == '2':
    print(num1,"-",num2,"=", num1-num2)
elif choice == '3':
    print(num1,"*",num2,"=", num1*num2)
elif choice == '4':
    print(num1,"/",num2,"=", num1/num2)
else:
    print("非法输入 ")
```

程序运行结果如下：

```
选择运算：
1. 相加
2. 相减
3. 相乘
4. 相除
输入你的选择(1/2/3/4):3
输入第一个数字：5
输入第二个数字：7
5 * 7 = 35
```

说明：通过 if 语句的多分支结构，可以实现按照用户输入选择不同运算类型的效果，感兴趣的同学可以在上述代码上进行扩展，添加更多的运算类型选择。

例 4-13　判断一个字符串是否为回文。回文是指正向和反向的串是一样的，比如 'abcba'、'aabbaa' 是回文，而 'abcdba' 不是回文。

分析：判断回文字符串比较简单，即用变量 left、right 模仿指针（一个指向第一个字符，一个指向最后一个字符），将对应的字符进行比较，每比对成功一次，left 向右移动一位，right 向左移动一位，如果 left 与 right 所指的元素不相等则退出，最后比较 left 与 right 的大小，如果 left>right 则说明是回文字符串。程序代码如下：

```
while True:
    str=input("please input a string:")            #输入一个字符串
    if str=="exit":
        break
    else:
        length=len(str)                             #求字符串长度
        left=0                                      #定义左右"指针"
        right=length-1
        while left<=right:                          #判断左指针是否小于或等于右指针
            if str[left]==str[right]:
                left+=1
                right-=1
            else:
                break                               #提前终止循环
        if left>right:
            print("yes")
        else:
            print("no")
```

程序运行结果如下：

```
please input a string:abcddcba
yes
please input a string:aabbcc
no
please input a string:abccba
yes
```

说明：Python 语言也提供了现成的字符串翻转函数，可以将翻转后的串与原串比较，相等则是回文，否则不是。感兴趣的读者可以进一步研究函数使用。

例 4-14　输出 100 以内的质数。

分析：判断质数的算法可以参考例 4-10，本题是要给出 100 以内的所有质数，那么就需要重复地判断质数，所以要用到循环嵌套这样的结构。程序代码如下：

```
for n in range(2, 101):
    for x in range(2, n):
        if n % x == 0:
            print(n, '#等于', x, '*', n//x)
            break
    else:
```

```
        # 循环中没有找到元素
        print(n, ' 是质数')
```

程序运行结果如下:

```
2  是质数
3  是质数
4  等于 2 * 2
5  是质数
6  等于 2 * 3
7  是质数
8  等于 2 * 4
9  等于 3 * 3
10 等于 2 * 5
11 是质数
12 等于 2 * 6
13 是质数
14 等于 2 * 7
15 等于 3 * 5
16 等于 2 * 8
17 是质数
18 等于 2 * 9
19 是质数
20 等于 2 * 10
...
```

例4-15 查找指定范围内的阿姆斯特朗数。如果一个 n 位正整数等于其各位数字的 n 次方之和,则称该数为阿姆斯特朗数。例如 $1^3+5^3+3^3=153$。

分析:根据阿姆斯特朗数的定义,首先要将备选项数的每一个数字分解出来,可以通过对 10 取余获得备选项数的个位数字,可以通过对备选项数整除 10,相当于把原来的个位数字去掉,循环反复操作就可以分解出每一个数字。程序代码如下:

```
# 获取用户输入数字
lower = int(input("最小值: "))
upper = int(input("最大值: "))
for num in range(lower,upper + 1):        # 循环从 lower 执行到 upper
    # 初始化 sum,每一个备选项在判断前,将累加和变量 sum 恢复为 0
    sum = 0
    # 通过 len() 函数,获得备选项数的数字个数,也就是判断式中的指数
    n = len(str(num))
    temp = num
    while temp > 0:                       #temp=0 时,所有数字提取完毕
        digit = temp % 10                 # 求出个位数字
        sum += digit ** n                 # 累加各数字的乘方之和
        temp //= 10                       # 去掉已经提取的数字
    if num == sum:
        print(num)
```

输入最小值 1,最大值 10000,得到 10000 以内的阿姆斯特朗数程序运行结果如下:

```
最小值: 1
最大值: 10000
```

```
1
2
3
4
5
6
7
8
9
153
370
371
407
1634
8208
9474
```

例4-16 编程实现将十进制正整数转换为等价的二进制数。

分析：十进制整数到二进制的转换方法为"除2逆序取余数"。转换方法如下所示：

十进制整数转换成二进制整数（除2取余法）

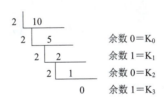

$(10)_{10} = 1 \times 2^3 + 0 \times 2^2 + 1 \times 2^1 + 0 \times 2^0 = (1010)_2$

可以看出，程序中须重复执行"除以2取余数"和"将当前的商赋给下一次的被除数"这两个操作。程序代码如下：

```
while True:
    number=input("请输入一个正整数:（输入q退出程序）")
    if number in ['q','Q']:              # 判断用户是否输入结束字符q或Q
        break
    elif not int(number)>0:              # 判断输入数是否大于0，若不是，则重新输入
        print("请输入一个正整数（输入q退出程序）: ")
    else:
        number=int(number)
        array1=[]                        # 创建列表，用来存放余数
        while number!=0:                 # 商不为0，表示余数没有取完
            array1.append(number%2)      # 将余数追加入列表中
            number=number//2             # 将商赋给下一个被除数
        array1.reverse()                 # 利用reverse()函数将列表中的余数逆序
        for x in array1:
            print(x,end="")
        print("\n") # 换行
```

程序运行结果如下：

```
请输入一个正整数：(输入 q 退出程序) 4
100

请输入一个正整数：(输入 q 退出程序) 10
1010

请输入一个正整数：(输入 q 退出程序) q
>>>
```

说明：程序中的 while 语句的判断式为 true，循环将永远执行，直到循环体中的 break 子句执行，才提前终止循环，所以就达到了输入特定字符 q 结束整个程序的效果。

进制转换包括十进制转 N 进制、N 进制转十进制、其他进制之间的互转等，不同进制的转换有不同的转换方法，感兴趣的读者可以模仿上述例题，实现十进制转 N 进制的通用算法。

小　结

本章学习了 Python 程序的控制结构，包括顺序结构、分支结构和循环结构。讲解 Python 选择语句、for 循环与 while 循环，带 else 子句的循环结构，break 和 continue 语句，选择结构与循环结构的综合运用；了解 Python 是如何使用控制结构来更改程序的执行顺序以满足多样的功能需求。在实际运用中合理地使用它们，可以实现更加丰富的功能。

习　题

一、选择题

1. 在 if...elif...else 的多个语句块中只会根据条件执行一个语句块（　　）。
   A. 正确　　　　　　　　　　　　B. 错误
   C. 根据条件决定　　　　　　　　D. Python 中没有 elif 语句
2. 在 Python 中，关于 else 语句的描述正确的是（　　）。
   A. 只有 for 才有 else 语句　　　　B. 只有 while 才有 else 语句
   C. for 和 while 都可以有 else 语句　D. for 和 while 都没有 else 语句
3. 以下叙述正确的是（　　）。
   A. 只能在循环体内使用 break 语句
   B. break 语句只能用于 while 语句循环
   C. 在循环体内使用 break 语句或 continue 语句的作用相同
   D. continue 语句的作用是结束整个循环的执行
4. 设有程序：

```
i = sum = 0
while i <= 4:
    sum += i
    i = i+1
print(sum)
```

上述代码的运行结果是（　　）。
   A. 0　　　　B. 10　　　　C. 4　　　　D. 以上结果都不对

5. 设有程序：

```
k=1000
while k>1:
    print(k)
    k=k/2
```

上述代码的运行结果包含（　　）个数字。
  A. 9   B. 10   C. 11   D. 8

6. 执行语句：

```
for i in range(3):
    print(i,end=',')
```

运行结果是（　　）。
  A. 0,1,2, B. 1,2,3 C. 0,1,2 D. 1,2,3,

7. 下面代码的运行结果是（　　）。

```
for i in range(2):
    print(i, end='')
else:
    print(0)
```

  A. 010   B. 012   C. 0 1 2   D. 0 1 0

8. 下面代码的运行结果是（　　）。

```
lst=[1,3,5,7]
for i in lst:
    print(i)
    if i>=5:
        break
    else:
        print('END\)
```

A.	B.	C.	D.
1	1	1	1
3	3	3	3
5	5	5	5
END	7	7	7
			END

二、编程题

1. 编程实现判断用户输入的数值是正数、负数或是0。

输出结果样式：

```
输入一个数字：-8
负数
```

2. 编程实现判断用户输入的年份是否为闰年。闰年的条件：① 能整除4但不能整除100的年份；② 能整除400的年份。

输出结果样式：

```
输入一个年份：2008
2008是闰年
```

3. 打印完数：一个数如果恰好等于它的因子之和，这个数就称为"完数"。例如 6 = 1+2+3。

题目要求：

输入一个正整数 n（$n<1000$），输出 1 ~ n 之间的所有完数（包括 n）。

输入样例：

```
30
```

输出样例：

```
6
28
```

4. 打印一个 n 层金字塔。

题目要求：

打印一个 n 层（$1<n<20$）金字塔，金字塔由"+"构成，塔尖是 1 个"+"，下一层是 3 个"+"，居中排列，依此类推。

输入格式：

```
一个正整数 n（1<n<20）
```

输出格式：

```
一个由 + 号构成的 n 层金字塔
```

输入样例：

```
3
```

输出样例：

```
  +
 +++
+++++
```

5. 猴子吃桃问题。猴子第一天摘下若干个桃子，当即吃了一半，还不过瘾，又多吃了一个，第二天又将剩下的桃子吃掉一半，又多吃了一个。以后每天都吃了前一天剩下的一半多一个。到第八天想再吃时，只剩下一个桃子了。求第一天共摘了多少个桃子。

6. 给定一个包含若干个整数（可能存在重复整数）的列表，判断其中是否存在三个元素 a、b、c，使得 a+b+c=0。找出所有满足条件且不重复的三个数的组合。

输入样例：

```
-1 0 1 2 -1
```

输出样例：

```
-1,-1,2
-1,0,1
```

7. 约瑟夫生者死者小游戏：30 个人在一条船上，超载，需要 15 人下船。于是人们排成一队，排队的位置即为他们的编号。按照编号循环报数，从 1 开始，数到 9 的人下船。下一个人又从 1 开始报数，如此循环，直到船上仅剩 15 人为止，问都有哪些编号的人下船了？

输出结果样式：

```
9 号下船了
18 号下船了
27 号下船了
6 号下船了
16 号下船了
26 号下船了
7 号下船了
19 号下船了
30 号下船了
12 号下船了
24 号下船了
8 号下船了
22 号下船了
5 号下船了
23 号下船了
```

第 5 章 函数

在学习了 Python 程序的控制结构后,了解了结构化程序设计的三种基本结构:顺序结构、分支结构和循环结构。从本章开始,在程序设计中,将一些常用的功能模块编写成函数,利用函数,以减少重复编写程序段的工作量。

5.1 概　　述

对于一个规模较大、复杂度较高的完整程序,为了便于代码的维护,一般会按照代码实现的功能进行分解。在 Python 中,是通过函数来完成上述效果的。那么,函数是什么呢?函数是组织好的,可重复使用的,用来实现单一,或相关联功能的代码段。

函数能提高应用的模块性和代码的重复利用率,同时有助于增强程序的可读性,也有助于提高程序的可维护性。

Python 中的函数包括内置函数、标准库函数、第三方库和用户自定义函数。在前面内容的学习中,已经使用了很多 Python 提供的内置函数,比如 input() 和 print() 等函数;标准库函数则是需要先导入模块再使用函数,比如 random 模块中的 randint() 函数;第三方库非常多,这是 Python 语言的优势,比如用于科学计算的 SciPy 包,用于数据可视化的 Matplotlib 包,这些将在后续章节中详细介绍。下面介绍如何创建和调用自己编写的函数,即用户自定义函数。

5.2 函数定义与调用

5.2.1 函数定义

自定义函数需要开发者按照定义要求自己定义函数,先定义后使用。

自定义函数的语法:

```
def 函数名(参数列表):
    函数体
    return [表达式]
```

说明:函数定义包括关键字 def、函数名、参数和函数体。

def:函数定义的关键字,表示函数的开始。

函数名:函数的名称,通常能够展现函数的功能,有一定的含义为好。

参数:任何传入参数必须放在圆括号中间,圆括号之间可以用于定义参数。参数间用逗号分隔,定义的参数称为形参(形式参数),调用时的参数称为实参(实际参数)。默认情况下,参数值和参数名称是按函数声明中定义的顺序匹配起来的。

函数内容以冒号起始，并且缩进。

return [表达式] 结束函数，选择性地返回一个值给调用方。不带表达式的 return 相当于返回 None。

注意：在 Python 中，函数定义是可以嵌套的，也就是说可以在一个函数定义中再嵌套定义另一个函数，通过语句的缩进实现。嵌套定义函数的语法格式如下：

```
def 函数名(参数列表):
    函数体
    def 函数名(参数列表):
        函数体
        return [表达式]
    return [表达式]
```

下面学习自定义函数的定义与调用。

例如：自定义一个打印 "Hello World! " 字符串的函数。

```
>>>def hello():
      print("Hello World!")
```

说明：定义函数 hello()，没有参数，作用是输出 "Hello World!" 字符串。

函数执行结果如下：

```
>>> hello()
Hello World!
```

例如：自定义一个返回两个参数的和的函数。

```
def qiuhe(x,y):
    return x+y
```

说明：定义函数 qiuhe(x,y)，两个形参用来接收调用时传进来的两个加数，return x+y 用来返回参数的和。函数执行结果如下：

```
>>> qiuhe(7,6)
13
```

例如：定义嵌套函数。

```
def func():
    var2 = 6
    def inner_func():
        var3 = 7
```

说明：上例是在 func() 函数中嵌套定义了一个 inner_func() 函数。

5.2.2　函数调用

当定义一个函数时，给函数一个名称，指定函数中包含的参数，完成函数体的内容。这个函数的基本结构就完成了，这时可以通过另一个函数调用执行，也可以直接从 Python 命令提示符执行。

函数调用的语法格式如下：

```
函数名([参数表])
```

说明：函数调用时传递的参数称为实际参数，在调用时将为其分配内存空间。如果有多个实参传递，则实参用逗号隔开，即使没有参数，调用时参数的括号也不能省略。

在程序调用时，默认情况下，形参实参是按函数声明中定义的顺序匹配起来的，实参一一对应传递给形参。

执行调用函数的语句后，程序的执行将转入被调用函数，等函数执行完毕后返回到调用语句的后面接着执行，调用执行过程如图 5-1 所示。

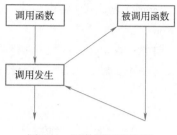

图 5-1　函数调用示意图

例 5-1　简单的函数调用示例。

程序代码如下：

```python
# 定义函数
def printme(x):
    # 打印传入的字符串
    print(x)

# 调用函数
printme("第一次调用函数！")
print("休息一会儿！")
printme("第二次调用函数！")
print("调用结束！")
```

程序运行结果如下：

```
第一次调用函数！
休息一会儿！
第二次调用函数！
调用结束！
```

说明：程序定义了一个自定义函数 printme()，用来打印传进去的字符串，而调用函数进行了两次函数调用，并且在每次调用后也有正常的打印语句执行。代码运行结果中 1、3 行的打印是通过调用自定义函数 printme() 完成的，2、4 行则是使用 Python 内置函数 print() 完成的。通过这个示例，可以体会到函数调用执行的过程。

例 5-2　长方形面积计算函数的定义与调用。

分析：根据长方形面积计算公式，需要长和宽两个参数，而返回的结果是长 × 宽的积，所以函数定义和调用的代码如下：

```python
# 计算长方形面积函数
def area(width, height):
    return width * height

def printme(x):
    # 打印传入的字符串
    print(x)

# 函数调用
printme("长方形的面积计算")
w = 4
h = 5
print("width =", w, " height =", h, " area =", area(w, h))
```

程序运行结果如下：

```
长方形的面积计算
width = 4  height = 5  area = 20
```

第一行的字符串是通过调用 printme() 函数打印出来的，第二行的面积结果则是通过调用 area() 函数返回的。其中，w、h 是这次调用中的实际参数，而 width、height 是函数 area() 定义时声明的形式参数。在调用传递的过程中，形实结合按照位置进行对应，实参 w 将它的取值 4 传递给了形参 width，实参 h 将它的取值 5 传递给了形参 height，然后在函数 arca() 中完成了面积的计算，并且通过 return 返回了面积结果。

例 5-3　计算两个数的最大公约数。

分析：计算两个数的最大公约数的方法很多，可以从 1 开始循环到两数中的较小的数，能被两数整除的最大的那个因子就是最大公约数。可以将查找最大公约数设计成一个自定义函数，使用时调用即可。程序代码如下：

```python
# 定义一个函数
def gys(x, y):
    '''该函数返回两个数的最大公约数'''

    # 获取最小值
    if x > y:
        smaller = y
    else:
        smaller = x

    for i in range(1,smaller + 1):
        if((x % i == 0) and (y % i == 0)):
            gys = i

    return gys

# 用户输入两个数字
num1 = int(input("输入第一个数字："))
num2 = int(input("输入第二个数字："))
print( num1,"和", num2,"的最大公约数为 ", gys(num1, num2))
```

说明：函数体中的第一行语句 '''该函数返回两个数的最大公约数''' 称为文档字符串，其作用是对函数功能进行注释，可通过"函数名.__doc__"命令查看。

例如：

```
>>> print(gys.__doc__)
```

该函数返回两个数的最大公约数。

程序运行结果如下：

```
输入第一个数字：45
输入第二个数字：36
45 和 36 的最大公约数为 9
```

在函数设计中，参数可以是基本数据类型，也可以是更加复杂的序列或字典等类型。

例 5-4 设计线性查找的自定义函数。

分析：线性查找指按一定顺序检查列表中的每一个元素，直至找到所要寻找的特定值为止。

```
def search(arr, n, x):
    for i in range (0, n):
        if (arr[i] == x):
            return i
    return -1

arr = [ '11', '32', '23', '45', '77' ]
x = '45'
n = len(arr)
result = search(arr, n, x)
if(result == -1):
    print("元素不在数组中")
else:
    print("元素在数组中的索引为", result)
```

程序运行结果如下：

```
元素在数组中的索引为 3
```

说明：在线性查找函数中，定义了 3 个参数，第一个列表参数 arr 用来传递查找的数组，第二个参数 n 用来传递查找的上界，第三个传递的是查找的内容。函数实现的功能是如果找到查找对象，则返回其在列表中的索引，否则返回 –1。可以手动将代码中查找的对象 x 的值改为 87，再执行程序，就可以看到返回 "元素不在数组中" 的提示。

例 5-5 设计一组字典操作的函数。

分析：在自定义函数中，字典也可以作为参数进行操作，下面的代码就是一组自定义的字典操作函数。程序代码如下：

```
# 将第二个字典合并到第一个字典上
def Merge(dict1, dict2):
    return(dict2.update(dict1))

# 求和字典中每个元素的值
def returnSum(myDict):
    sum = 0
    for i in myDict:
        sum = sum + myDict[i]
    return sum

# 字典按键排序
def sortdict(myDict):
    for i in sorted (myDict):
        print ((i, myDict[i]), end =" ")

# 两个字典
dict1 = {'a': 10, 'c': 6}
```

```
dict2 = {'b': 8, 'd': 4}
print(dict1)
print(dict2)
Merge(dict1, dict2)
print("两个字典合并后的结果:")
print(dict2)
print("Sum :", returnSum(dict2))
print("字典按键排序后的结果:")
sortdict(dict2)
```

程序运行结果如下:

```
{'a': 10, 'c': 6}
{'b': 8, 'd': 4}
两个字典合并后的结果:
{'b': 8, 'd': 4, 'a': 10, 'c': 6}
Sum : 28
字典按键排序后的结果:
('a', 10) ('b', 8) ('c', 6) ('d', 4)
```

5.3 函数的参数

5.3.1 参数传递

在 Python 语言中，一切都是以对象的形式构建（第 6 章将详细讲解对象的概念）。很多程序语言中的数据类型，在 Python 中是以对象形式存在，而变量是没有类型的，可以理解为只是指向某个类型对象的指针，这和很多语言并不一样。例如：

```
a=[1,2,3]
a="hello"
```

以上代码中,[1,2,3] 是 List 类型,"hello" 是 String 类型，而变量 a 是一个对象的引用（一个指针），可以是指向 List 类型对象，也可以是指向 String 类型对象。

在 Python 中，有的类型对象是可以更改的，而有的类型对象是不能更改的。比如字符串、元组、数值等是不可更改的对象，而列表、字典等则是可以修改的对象。

不可更改类型：变量赋值 a=5 后再赋值 a=10，这里实际是新生成一个 int 值对象 10，再让 a 指向它，而 5 被丢弃，不是改变 a 的值，相当于新生成了 a。

可更改类型：变量赋值 la=[1,2,3,4] 后再赋值 la[2]=5 则是将 list la 的第三个元素值更改，la 本身没有动，只是其内部的一部分值被修改了。

在 Python 的函数参数传递中，如果传递的参数是不可更改类型：类似 C++ 的值传递，如整数、字符串、元组。如 fun(a)，传递的只是 a 的值，没有影响 a 对象本身。比如在 fun(a) 内部修改 a 的值，只是修改另一个复制的对象，不会影响 a 本身。

在 Python 的函数参数传递中，如果传递的参数是可更改类型：类似 C++ 的引用传递，如列表、字典。如 fun(la)，则是将 la 真正地传过去，修改后 fun 外部的 la 也会受影响。

由于 Python 中一切都是对象，严格意义上不能说是值传递还是引用传递，应该说传不可更改类型对象和可更改类型对象。

例 5-6　传递不可更改类型对象。程序代码如下：

```
def ChangeInt( a ):
    a = 10
    print("函数内部的变量值: ",a)

b = 2
ChangeInt(b)
print("函数外部的变量值: ",b )
```

程序运行结果如下：

```
函数内部的变量值: 10
函数外部的变量值: 2
```

说明：函数传递的是不可更改的数值类型，参数传递时，实参 b 和形参 a 指向同一个数值对象 2，在函数内部执行 a = 10，a 重新指向一个新的数值对象 10，并没有影响外部的实参 b，所以打印出来的结果显示为函数内部的变量值为 10，而函数外部变量的值为 2。也就是通常说的形参的改变不影响实参。

 例 5-7　传递可更改的类型。程序代码如下：

```
def changeme(newlist):
    "修改传入的列表"
    newlist.append(40)
    print("函数内取值: ", newlist)
    return

# 调用 changeme 函数
oldlist = [10,20,30]
changeme(oldlist)
print("函数外取值: ", oldlist)
```

程序运行结果如下：

```
函数内取值: [10, 20, 30, 40]
函数外取值: [10, 20, 30, 40]
```

说明：程序中参数传递的是可以更改的列表类型。当实参 oldlist 传递给形参 newlist 时，它们指向同一个列表对象 [10,20,30]。在函数内部更改列表对象的值，追加了一个 40，这时因为列表是可更改数据类型，oldlist 和 newlist 都被改变，所以最后的运行结果显示函数内外的打印结果是一样的，也就是通常说的形参的改变影响了实参。

注意：上例中，如果将形参 newlist 重新赋值，则 newlist 将重新指向一个新的 list 对象，这样实参 oldlist 就不再受影响。例 5-7 代码修改如下：

```
def changeme(newlist):
    "修改传入的列表"
    Newlist=[1,2,3]
    print("函数内取值: ", newlist)
    return

# 调用 changeme 函数
oldlist = [10,20,30]
```

```
        changeme(oldlist)
        print("函数外取值：", oldlist)
```

程序运行结果如下：

```
函数内取值：  [1, 2, 3]
函数外取值：  [10, 20, 30]
```

由上述两个示例可以发现：

如果在函数内部对形参重新赋值，则形参的值不会影响实参；

如果在函数内部对形参进行修改（只改变部分元素），则形参的值会影响实参。

在实际使用中，如果希望实参不受到形参的影响，可以在实参传递前先给实参复制副本，这样形参在函数内的修改就不会影响到外部的实参了。

例 5-8　实参传递前的浅复制。

将例 5-7 的代码修改如下：

```
def changeme(newlist):
    "修改传入的列表"
    newlist.append(40)
    print ("函数内取值：", newlist)
    return

# 调用 changeme() 函数
oldlist = [10,20,30]
bk_oldlist=oldlist[:]      # 将 oldlist 浅复制给 bk_oldlist
changeme(oldlist)
print("函数外 oldlist 取值：", oldlist)
print("函数外 bk_oldlist 取值：", bk_oldlist)
```

程序运行结果如下：

```
函数内取值：  [10, 20, 30, 40]
函数外 oldlist 取值：  [10, 20, 30, 40]
函数外 bk_oldlist 取值：  [10, 20, 30]
```

注意：程序中的语句 bk_oldlist=oldlist[:] 的含义是将 oldlist 浅复制给 bk_oldlist，它们并不引用同一个对象，这样，形参 newlist 在函数中的修改虽然会影响到实参 oldlist（程序结果的第一和二行），但并不影响 bk_oldlist（程序结果的第三行）。但如果将复制语句写成 bk_oldlist=oldlist，这时，它们引用同一个对象，使得形参 newlist 的修改都会影响到它们。

5.3.2　参数类型

在 Python 中，传递参数类型有多种方式，包括必需参数、关键字参数、默认参数、可变长参数等形式。前面举例说明的函数传递参数，参数根据位置来决定，实参按照正确的顺序传入函数，调用时的数量必须和声明时的一样，如果传递数量不对，将会出现语法错误，这种传递的参数类型就是必需参数。下面介绍其他几种参数类型。

1. 关键字参数

当函数参数传递时，如果传递的参数较多，参数传递的顺序容易出错，而关键字参数和函数调用关系紧密，函数调用使用关键字参数来确定传入的参数值，使用关键字参数允许函数调用时参数的顺序与声明时不一致，因为 Python 解释器能够用参数名来匹配参数值。可以解决参数传错的问题。

例 5-9 必需参数传递和关键字参数传递对比。

本例定义了一个打印学生信息的函数,通过两种参数类型进行传递,程序代码如下:

```
def printstuinfo( sid,name,sex, age ):
    "打印任何传入的字符串"
    print("学号: ", sid)
    print("姓名: ", name)
    print("性别: ", sex)
    print("年龄: ", age)
    return

#调用printstuinfo函数
age=12
sex="male"
name="xiaoxiao"
sid="1117"
print("---------- 必需参数类型 ----------")
printstuinfo(age,sex,name,sid)
print("---------- 关键字参数类型 ----------")
printstuinfo( age=12, name="xiaoxiao" ,sex="male",sid="1117")
```

程序运行结果如下:

```
---------- 必需参数类型 ----------
学号: 12
姓名: male
性别: xiaoxiao
年龄: 1117
---------- 关键字参数类型 ----------
学号: 1117
姓名: xiaoxiao
性别: male
年龄: 12
```

说明:从运行结果可以看到,当采用必需参数类型传递时,由于传递参数的顺序不正确,所以打印出了错误的学生信息;当采用关键字参数类型传递时,虽然传递的实参顺序和形参顺序不符,但通过参数名来匹配参数值,所以打印出了正确的学生信息。

2. 默认参数

在 Python 的函数设计中,如果要为某个参数设定默认值,可以在定义参数时,以赋值语句的方式给出,称该参数为默认参数。这样在函数调用时,该参数如果要使用默认值,可以省略不写对应的实参。

例 5-10 默认参数类型示例。

适当修改例 5-9,增加默认参数 age 的定义,程序代码如下:

```
def printstuinfo( sid,name,sex, age=12 ):    #默认参数age=12
    "打印任何传入的字符串"
    print("学号: ", sid)
    print("姓名: ", name)
    print("性别: ", sex)
```

```
        print("年龄: ", age)
        return

# 调用 printstuinfo() 函数
print("---------- 不采用默认参数的值 ----------")
printstuinfo( age=13, name="xiaoxiao" ,sex="male",sid="1117")
print("---------- 采用默认参数的值 ----------")
printstuinfo( name="xiaoxiao" ,sex="male",sid="1117")    # 省略实参 age
```

程序运行结果如下：

```
---------- 不采用默认参数的值 ----------
学号: 1117
姓名: xiaoxiao
性别: male
年龄: 13
---------- 采用默认参数的值 ----------
学号: 1117
姓名: xiaoxiao
性别: male
年龄: 12
```

说明：函数定义默认参数 age=12，第一次调用时，不采用默认值，而传入实参 age=13，所以打印出实际的传入值；第二次调用时，不传实参 age，则函数中 age 形参采用默认值 12，所以打印出 age=12。

注意：从上例的运行结果可知，默认参数是可以修改的，并不一定需要使用默认值，因此函数定义时默认参数须放在非默认参数的后面，不然在实参传递时 Python 解释器无法判断传递的实参是修改的默认值还是对应了后面的参数。例如，上例中的函数定义若改成 def printstuinfo(sid,age=12,name,sex):，则程序运行后将报错，如图 5-2 所示。

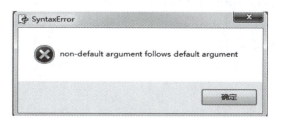

图 5-2　错误信息

3. 可变长参数

在 Python 中，可能需要一个函数能处理比当初声明时更多的参数，这时在函数定义时，可以声明一个可变长参数（本质上是一个元组），将传进来的其他数据收集起来。

可变长参数的语法形式：

```
def 函数名 ( 参数 1, 参数 2,…, 参数 n,*var_args_tuple):
```

说明：其中 *var_args_tuple 即为可变长参数，在参数名前要有一个 "*"，它是可变长参数的标记。下面通过例题说明可变长参数的使用。

例 5-11　可变长参数类型示例。

将上例中的学生信息函数做适当修改，代码修改如下：

```python
def printstuinfo(sid,name,*otherinfo):
    "打印任何传入的字符串"
    print("---------- 打印关键信息 ----------")
    print("学号: ", sid)
    print("姓名: ", name)
    print("---------- 打印其他信息 ----------")
    print(otherinfo)
    return

# 调用 printstuinfo 函数
printstuinfo( "1117", "xiaoxiao" ,13,"male")
```

程序运行结果如下：

```
---------- 打印关键信息 ----------
学号:  1117
姓名:  xiaoxiao
---------- 打印其他信息 ----------
(13, 'male')
```

说明：从运行结果可以看到，前两个实参按位置对应前两个形参，传递的其他参数13,"male"被收集到了可变长参数otherinfo中，作为一个元组中的两个元素，调用后这组实参在一个元组中输出。

也可以将其他传递的数据事先存放在元组中，将元组作为实参传递给可变长参数，这样程序设计会更加简捷易懂，易于维护。例如，上例的调用函数可修改如下：

```
otherinfo=(13,"male")
printstuinfo( "1117", "xiaoxiao" ,*otherinfo)
```

程序运行结果不变，但程序代码更加清晰。

上例中的其他学生信息没有关键字辅助说明，容易产生误解，那么可变长参数可否接收关键字参数呢？在Python中，可变长参数也是支持接收关键字参数的，只是在定义时需要加"**"，来标记可变长关键字参数。可变长关键字参数可以接收多个含参数名的参数，并将它们自动组装成一个字典。当然，也可以先将参数名和参数构建成一个字典，再将这个字典作为实参传给可变长关键字参数。

可变长关键字参数的语法形式：

```
def 函数名(参数1,参数2,…,参数n,**var_args_tuple):
```

例5-12 可变长关键字参数类型示例。

将上例中的学生信息函数做适当修改，代码如下：

```python
def printstuinfo(sid,name,**otherinfo):  # 两个星号表示可变长关键字参数
    "打印任何传入的字符串"
    print("---------- 打印关键信息 ----------")
    print("学号: ", sid)
    print("姓名: ", name)
    print("---------- 打印其他信息 ----------")
    for x,y in otherinfo.items():
        print(x,": ",y)
    return
```

```
# 调用printstuinfo()函数
otherinfo={"年龄":13,"性别":"male","身高":1.63,"兴趣":"电子游戏"}
                                                    # 将其他信息放在字典中
printstuinfo( "1117", "笑笑" ,**otherinfo)
```

程序运行结果如下:

```
---------- 打印关键信息 ----------
学号 ： 1117
姓名 ： 笑笑
---------- 打印其他信息 ----------
年龄 ： 13
性别 ： male
身高 ： 1.63
兴趣 ： 电子游戏
```

注意：如果传递的实参字典是一个空字典，则可变长关键字参数也将是一个空字典。

5.4 变量作用域

在程序设计语言中，每个变量都有自己的作用域，在作用域内，变量才能被合法地使用，超出了作用域的变量使用是非法的。

为了避免变量名称冲突，所以在同一作用域（命名空间）中不能有重名，但不同的命名空间是可以重名而没有任何影响。就如同计算机的文件系统，一个文件夹（目录）中可以包含多个文件夹，每个文件夹中不能有相同的文件名，但不同文件夹中的文件可以重名。

Python 中的作用域共有 4 种，分别是：

L（Local）：最内层，包含局部变量，比如一个函数/方法内部。

E（Enclosing）：包含非局部（non-local）也非全局（non-global）的变量。比如两个嵌套函数，一个函数 A 中又包含了一个函数 B，那么对于 B 中的名称来说，A 中的作用域就为 nonlocal。

G（Global）：当前脚本的最外层，比如当前模块的全局变量。

B（Built-in）：包含了 Python 内建的变量/关键字，比如函数名 abs、char 和异常名称 BaseException、Exception 等。

四层作用域的关系如图 5-3 所示。

图5-3　Python 中四层作用域的关系

注意：从图 5-3 可知，变量作用域访问的顺序为 L→E→G→B。

下面举例说明不同作用域的区别。

例5-13 局部作用域和全局作用域的区别。

```
def f():
    x=3                #局部变量
    print(x)           #访问局部变量

y=5                    #全局变量
f()
print(y)               #访问全局变量
```

程序运行结果如下：

```
3
5
```

说明：程序中定义了两个变量，一个是在函数中定义的 x，是局部变量；一个是在调用中定义的 y，是全局变量。第一个 print 语句在函数体内，访问局部变量 x，所以输出结果 3。第二个 print 语句在函数体外，访问全局变量 y，所以输出结果 5。

如果将函数体内的输出语句改为 print(y)，因为变量 y 的作用域是全局的，所以函数体内也可以访问，故将输出结果 5。

如果将函数体外的输出语句改为 print(x)，因为变量 x 的作用域是局部的，只能在函数体内访问，不能在函数的外部访问，所以将报错"NameError: name 'x' is not defined;"。

如果将全局变量 y 的名称修改为 x，和局部变量同名，代码如下：

```
def f():
    x=3                #局部变量
    print(x)           #优先访问局部变量

x=5                    #全局变量
f()
print(x)               #访问全局变量
```

这时程序运行后输出的结果还是 3 和 5。虽然局部变量和全局变量同名，但是因为作用域不同，所以允许同名。根据前面提到的作用域访问顺序，在函数内部，优先访问同名的局部变量，所以输出 3，而在函数外部，只能访问全局变量 x，所以输出 5。

如果在函数内部想要使用同名的全局变量，那么就需要在使用前加关键字 global，代码修改如下：

```
def f():
    global x
    print(x)           #访问全局变量
    x=3
    print(x)           #访问局部变量

x=5                    #全局变量
f()
```

注意：如果不加 global x，在函数中直接输出 x，则将报错"UnboundLocalError: local variable 'x' referenced before assignment"，提示 print 语句中的 x 没有被赋值就使用了。

5.5 递归函数

在程序设计中,一种计算过程,如果其中每一步都要用到前一步或前几步的结果,称为递归。用递归过程定义的函数称为递归函数,如连加、连乘及阶乘等。下面以阶乘的例子解释什么是递归调用。

例5-14 编写递归函数,计算 5 的阶乘。

分析:阶乘的数学含义如下。

阶乘:$\begin{cases} f(1)=1 & (n=1) \\ f(n)=f(n-1)\times n & (n>1) \end{cases}$

$f(n)$ 表示 n 的阶乘,n 的阶乘可以定义为 $n-1$ 的阶乘乘以 n;那么 $f(n-1)$ 呢?可以定义为 $(n-1)-1$ 的阶乘即 $n-2$ 的阶乘乘以 $n-1$;那 $n-2$ 的阶乘呢?……这么可以一步步推出到 2 的阶乘等于 1 的阶乘乘以 2,1 的阶乘直接给出"边界条件"即为 1。

现在可以倒推回去了,2 的阶乘就是 $1\times2=2$,3 的阶乘就是 $2\times3=6$,……,所有阶乘都可以倒推出结果来。5 的阶乘递归调用的过程如图5-4 所示。

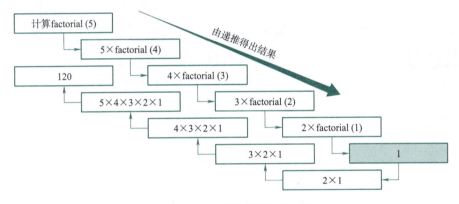

图5-4　5的阶乘递归调用的过程

为了将非递归和递归函数的设计进行对比,程序中定义了递归实现阶乘和非递归实现阶乘两个函数,程序代码如下:

```
# 非递归函数实现
def factorial1(num):
    factorial1= 1
    for i in range(1,num + 1):
        factorial1 = factorial1*i
    print(num," 的阶乘为 ",factorial1)

# 递归函数实现
def factorial2(num):
    if num==1:
        return 1
    else:
        return num*factorial2(num-1)
```

```
n=5
factorial1(n)
print(n," 的阶乘为 ",factorial2(n))
```

程序运行结果如下：

```
5 的阶乘为 120
5 的阶乘为 120
```

说明：两个函数的运行结果是一样的，但函数实现不一样。第一个函数 factorial1() 是非递归实现，阶乘的计算是在函数体中，利用 for 循环 for i in range(1,num + 1) 实现的；第二个函数 factorial2() 是递归实现，利用递归调用 num*factorial2(num-1) 实现的。可以看出，采用递归调用的设计方案，算法实现更加简单易懂，但在递归函数执行过程中，需要反复调用自身，并且每次调用时都需要为函数的局部变量和形参分配存储空间，所以递归程序的时间复杂性和空间复杂性较高。

递归函数的设计通常需要满足两个要求：

递归调用自身时应该是朝着问题规模越来越小的方向前进。

递归调用应该有不再需要调用自身就可以结束的边界条件，比如阶乘中 1 的阶乘，不用再调用自己，结果就是 1。

下面再来看一个较为复杂的递归函数。

例5-15 编写递归函数计算斐波那契数列。

分析：斐波那契数列指的是这样一个数列 0, 1, 1, 2, 3, 5, 8, 13,……其中第 0 项是 0，第 1 项是 1。从第 2 项开始，每一项都等于前两项之和。所以是一个递归调用：$f(n)=f(n-1)+f(n-2)$，而边界条件是 $f(0)=0$ 和 $f(1)=1$。递归调用的过程如图 5-5 所示。

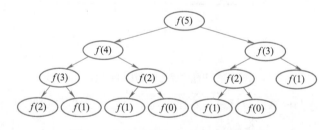

图5-5 斐波那契数列递归调用示意图

程序代码如下：

```
def recur_fibo(n):
    """ 递归函数
    输出斐波那契数列 """
    if n <= 1:
        return n
    else:
        return(recur_fibo(n-1) + recur_fibo(n-2))

# 获取用户输入
nterms = int(input("您要输出几项？"))
# 检查输入的数字是否正确
```

```
    if nterms <= 0:
        print(" 请输入有效的项数 ")
    else:
        print(" 斐波那契数列 :")
        for i in range(nterms):
            print(recur_fibo(i),end=" ")
```

程序运行结果如下：

```
您要输出几项？ 10
斐波那契数列 :
0 1 1 2 3 5 8 13 21 34
```

说明：调用函数中，通过 for 循环语句 for i in range(nterms) 反复调用递归函数 recur_fibo()，并在同行输出结果。

5.6 匿名函数

在 Python 开发过程中，经常使用自定义函数来封装一段代码，完成某个特定功能，方便在程序的其他地方调用。然而，在开发过程中，不免会遇到一些简单的函数调用，此时，选择自己定义一个函数比较麻烦，这时可以选择匿名函数解决该问题。

Python 中使用 lambda 创建匿名函数。

所谓匿名，意即不再使用 def 语句这样标准的形式定义一个函数。

lambda 只是一个表达式，函数体比 def 简单很多。

lambda 的主体是一个表达式，而不是一个代码块。仅仅能在 lambda 表达式中封装有限的逻辑进去。

lambda 函数拥有自己的命名空间，且不能访问自己参数列表之外或全局命名空间中的参数。

lambda 函数的语法只包含一个语句，语法格式如下：

```
lambda [arg1 [,arg2,...,argn]]:expression
```

比如：

```
sum = lambda arg1, arg2: arg1 + arg2
# 调用 sum 函数
print(" 相加后的值为 : ", sum(5,3))
```

较为复杂的应用如下：

```
>>> Lst=[5, 6, 99, 1, 7, 4, 3, 2, 8, 10, 9]
>>> sorted(Lst, key=lambda item:item, reverse=True)
# 按 item 本身大小降序
[99, 10, 9, 8, 7, 6, 5, 4, 3, 2, 1]
>>> sorted(Lst, key=lambda item:len(str(item)), reverse=True)
# 按 item 的字符串长度降序
[99, 10, 5, 6, 1, 7, 4, 3, 2, 8, 9]
# 按 item 的字符串长度降序，若相同，按 item 本身大小降序
>>> sorted(Lst, key=lambda item: (len(str(item)), item), reverse=True)
[99, 10, 9, 8, 7, 6, 5, 4, 3, 2, 1]
```

5.7 常用标准库函数

前面的内容提到，Python 中的函数包括内置函数、标准库函数、第三方库和用户自定义函数。其中内置函数已在第 2 章详细介绍，下面介绍几个常用的标准库，方便程序开发。

Python 中有很多标准库，每个库中又提供了很多函数供用户使用，但很难把每个函数的名字和功能记清楚。如果要想知道怎么调用某个函数，可以通过查阅官方文档或者利用 help() 查阅库的说明。例如：

```
>>> help("modules")

Please wait a moment while I gather a list of all available modules...

__future__          atexit              html                search
__main__            audioop             http                searchbase
_abc                autocomplete        hyperparser         searchengine
_ast                autocomplete_w      idle                secrets
_asyncio            autoexpand          idle_test           select
_bisect             base64              idlelib             selectors
_blake2             bdb                 imaplib             setuptools
_bootlocale         binascii            imghdr              shelve
_bz2                binhex              imp                 shlex
_codecs             bisect              importlib           shutil
_codecs_cn          browser             inspect             sidebar
_codecs_hk          builtins            io                  signal
_codecs_iso2022     bz2                 iomenu              site
_codecs_jp          cProfile            ipaddress           smtpd
_codecs_kr          calendar            itertools           smtplib
_codecs_tw          calltip             json                sndhdr
_collections        calltip_w           keyword             socket
_collections_abc    cgi                 lib2to3             socketserver
_compat_pickle      cgitb               linecache           sqlite3
_compression        chunk               locale              squeezer
_contextvars        cmath               logging             sre_compile
_csv                cmd                 lzma                sre_constants
_ctypes             code                macosx              sre_parse
_ctypes_test        codecontext         macpath             ssl
...
```

通过 help() 列出了当前 Python 开发环境中的所有标准库模块。

也可以通过 help 命令查看具体某个库的帮助信息。

5.7.1 math 标准库

math 库是 Python 提供的内置数学类函数库，math 库支持整数和浮点数运算。math 库共提供了 4 个数字常数和 44 个函数。44 个函数共分为 4 类，包括 16 个数值表示函数（见表 5-1）、8 个幂对数函数（见表 5-2）、16 个三角对数函数（见表 5-3）和 4 个高等特殊函数（见表 5-4）。具体的函数调用说明可以通过 help("math") 命令进行查看。

表5-1 math中的数值表示函数

函　数	数学表示	描　述
math.fabs(x)	$\|x\|$	返回x的绝对值
math.fmod(x,y)	$x\%y$	返回x与y的模
math.fsum([x,y,...])	$x+y+\cdots$	浮点数精确求和
math.ceil(x)	$\lceil x \rceil$	向上取整，返回不小于x的最小整数
math.floor(x)	$\lfloor x \rfloor$	向下取整，返回不大于x的最大整数
math.factorial(x)	$x!$	返回x的阶乘，如果x是小数或负数，返回ValueError
math.gcd(a,b)		返回a与b的最大公约数
math.frepx(x)	$x=m*2^e$	返回(m,e)，当x=0，返回(0.0,0)
math.ldexp(x, i)	$x*2^i$	返回$x\times2^i$运算值，math frepx(x)函数的反运算
math.modf(x)		返回x的小数和整数部分
math.trunc(x)		返回x的整数部分
math.copysign(x,y)	$\|x\|*\|y\|/y$	用数值y的正负号替换数值x的正负号
math.isclose(a,b)		比较a和b的相似性，返回True或False
math.isfinite(x)		当x为无穷大，返回True；否则，返回False
math.isinf(x)		当x为正数或负数无穷大，返回True；否则，返回False
math.isnan(x)		当x是NaN，返回True；否则，返回False

表5-2 math中的幂对数函数

函　数	数学表示	描　述
math.pow(x,y)	x^y	返回x的y次幂
math.exp(x)	e^x	返回e的x次幂，e是自然对数
math.expml(x)	e^x-1	返回e的x次幂减1
math.sqrt(x)	$\sqrt{x}$	返回x的平方根
math.log(x[.base])	$\log_{base}x$	返回x的对数值，只输入x时，返回自然对数，即$\ln x$
math.log1p(x)	$\ln(1+x)$	返回1+x的自然对数值
math.log2(x)	$\log_2 x$	返回x以2为底的对数值
math.log10(x)	$\log_{10}x$	返回x以10为底的对数值

表5-3 math中的三角函数

函　数	数学表示	描　述
math.degree(x)		角度x的弧度值转角度值
math.radians(x)		角度x的角度值转弧度值
math.hypot(x,y)	$\sqrt{x^2+y^2}$	返回(x,y)坐标到原点(0,0)的距离
math.sin(x)	$\sin x$	返回x的正弦函数值，x是弧度值
math.cos(x)	$\cos x$	返回x的余弦函数值，x是弧度值
math.tan(x)	$\tan x$	返回x的正切函数值，x是弧度值
math.asin(x)	$\arcsin x$	返回x的反正弦函数值，x是弧度值
math.acos(x)	$\arccos x$	返回x的反余弦函数值，x是弧度值
math.atan(x)	$\arctan x$	返回x的反正切函数值，x是弧度值
math.atan2(y, x)	$\arctan y/x$	返回y/x的反正切函数值，x是弧度值
math.sinh(x)	$\sinh x$	返回x的双曲正弦函数值
math.cosh(x)	$\cosh x$	返回x的双曲余弦函数值
math.tanh(x)	$\tanh x$	返回x的双曲正切函数值
math.asinh(x)	$\text{arcsinh} \, x$	返回x的反双曲正弦函数值
math.acosh(x)	$\text{arccosh} \, x$	返回x的反双曲余弦函数值
math.atanh(x)	$\text{arctanh} \, x$	返回x的反双曲正切函数值

表5-4 math中的高等函数

函　　数	数学表示	描　　述
math.erf(x)	$\frac{2}{\sqrt{\pi}}\int_0^x e^{-t^2}dt$	高斯误差函数，应用于概率论、统计学等领域
math.erf(x)	$\frac{2}{\sqrt{\pi}}\int_0^\infty e^{-t^2}dt$	余补高斯误差函数，math.erf(x)=1− math.erf(x)
math.gamma(x)	$\int_0^\infty t^{x-1}e^{-t}dt$	伽马（Gamma）函数，又称欧拉第二积分函数
math.lgamma(x)	ln(gamma(x))	伽马函数的自然对数

常用 math 函数使用举例如下：

```
>>> import math
>>> math.cos(math.pi/4)        #pi 为 math 中的常数 π
0.7071067811865476
>>> math.log(256,2)            # 取对数
8.0
>>> math.gcd(45,36)            # 求最大公约数
9
>>> math.fabs(-7)              # 求绝对值
7.0
>>> math.sqrt(16)              # 求平方根
4.0
>>> math.factorial(4)          # 求阶乘
24
>>> math.pow(3,3)              # 求乘方
27.0
>>> math.modf(4.56)            # 求小数和整数部分
(0.5599999999999996, 4.0)
```

5.7.2 os标准库

os 库提供了不少与操作系统相关联的函数，用来处理文件和目录的常规操作。具体的函数使用帮助可以通过 help("os") 查看。下面列出部分常用 os 库提供的函数：

```
>>> import os
>>> os.getcwd()                          # 获得当前工作目录
'C:\\Users\\User\\AppData\\Local\\Programs\\Python\\Python37'
>>> os.chdir('e:\\test')                 # 更改当前工作目录
>>> os.getcwd()
'e:\\test'
>>> os.mkdir('e:\\test\\temp')           # 在当前目录下创建新目录
>>> os.listdir()                         # 列出当前目录下文件或文件夹
['temp']
>>> os.rmdir('e:\\test\\temp')           # 删除目录
>>> os.listdir ()
[]
>>> os.remove ('test.txt')               # 删除指定文件
```

5.7.3 random标准库

在 Python 中，random 标准库提供了生成各类要求的随机数的函数，如表 5-5 所示，列出了比较常用的随机数生成函数。完整库的说明可以通过 help("random") 查阅。

表5-5　random库中常见的随机函数

函　数	含　义
seed(x)	随机生成一个种子值，默认随机种子是系统时钟
random( )	生成一个[0, 1.0]之间的随机小数
uniform(a, b)	生成一个a到b之间的随机小数
randint(a, b)	生成一个a到b之间的随机整数
randrange(a, b, c)	随机生成一个从a开始到b以c递增的数
choice(<list>)	从列表中随机返回一个元素
shuffle(<list>)	将列表中元素随机打乱
sample(<list>, k)	从指定列表随机获取k个元素

random 库中常用随机函数使用举例如下：

```
>>> import random
>>> random.random()                          # 产生0到1间的随机数
0.4000078203336839
>>> random.uniform(2,8)                      # 产生2到8间的随机数
7.766856956478508
>>> random.randint(1,100)                    # 产生1到100间的随机整数
89
>>> random.randrange(0,100,5)                # 产生0到100间按5递增的随机数
65
>>> random.choice([2,3,5,7,11,13,17,19,23,29])  # 在10个质数序列中随机挑一个
19
>>> prime=[2,3,5,7,11,13,17,19,23,29]
>>> random.shuffle(prime)                    # 将10个质数的序列打乱
>>> prime
[2, 7, 17, 11, 13, 3, 19, 29, 5, 23]
>>> random.sample(prime,4)                   # 在10个质数的序列中随机挑四个
[2, 7, 11, 23]
```

5.7.4　datetime标准库

Python 提供了多个标准库用于操作日期时间，如 calendar、time、datetime。datetime 标准库的接口更直观、更容易调用。datetime 中主要包含三个类（类的概念详见第 6 章）：date（日期）、time（时间）、datetime（日期和时间），每个类提供了一些操作日期时间的函数。下面通过一些简单的例子说明 datetime 库的使用，详细说明可以通过 help(datetime) 查阅。datetime 类的常用函数操作举例如下：

```
>>> import datetime
>>> newdt=datetime.datetime.now()            #now()获得当前日期时间
>>> print(newdt)
2020-08-16 16:47:16.919000                   #919000是毫秒表示
>>> print(datetime.datetime.date(newdt))     #date()获得当前日期
2020-08-16
>>> print(datetime.datetime.time(newdt))     #time()获得当前时间
16:47:16.919000
```

```
#ctime()将当前datetime类型转换成字符串型
>>> print(datetime.datetime.ctime(newdt))
Sun Aug 16 16:47:16 2020
#strftime()将时间格式转换成字符串
>>> datetime.datetime.now().strftime('%Y-%m-%d %H:%M:%S')
'2020-08-16 17:02:10'
#strptime()将字符串转换成时间格式
>>> datetime.datetime.strptime('2020-08-16 17:02:10','%Y-%m-%d %H:%M:%S')
datetime.datetime(2020, 8, 16, 17, 2, 10)
```

strftime()中用到的日期格式化符号说明如下:

- %y   两位数的年份表示（00-99）;
- %Y   四位数的年份表示（0000-9999）;
- %m   月份（01-12）;
- %d   月内中的一天（0-31）;
- %H   24小时制小时数（0-23）;
- %I   12小时制小时数（01-12）;
- %M   分钟数（00-59）;
- %S   秒（00-59）;
- %a   本地简化星期名称；
- %A   本地完整星期名称；
- %b   本地简化的月份名称；
- %B   本地完整的月份名称；
- %c   本地相应的日期表示和时间表示；
- %j   年内的一天（001-366）;
- %p   本地A.M.或P.M.的等价符；
- %U   一年中的星期数（00-53），星期天为星期的开始；
- %w   星期（0-6），星期天为星期的开始；
- %W   一年中的星期数（00-53），星期一为星期的开始；
- %x   本地相应的日期表示；
- %X   本地相应的时间表示；
- %Z   当前时区的名称。

datetime库中还有一个可用来计算两个时间差的函数timedelta()，可以方便地进行时间的运算。该函数的参数为days、seconds、microseconds、milliseconds、minutes、hours、weeks，默认值为0。例如，计算100天前是什么日期等问题，可以很轻松地使用该函数实现。代码如下：

```
now = datetime.datetime.now().date()
>>> now
datetime.date(2020, 8, 16)
>>> delta = datetime.timedelta(days = 100)    #timedelta(days = 100)表示100天前的日期
>>> now-delta
datetime.date(2020, 5, 8)
```

5.8 函数应用举例

例5-16 五人分鱼问题：A、B、C、D、E 五人合伙捕鱼，捕完后依次分鱼。A 第一个分，他将鱼分为五份，把多余的一条鱼扔掉，拿走自己的一份。B 第二个分，将剩下的鱼分为五份，把多余的一条鱼扔掉拿走自己的一份。C、D、E 依次按同样的方法分鱼。问他们至少捕了多少条鱼？

分析：每个人在分鱼时，(鱼的总数 –1) 的五分之一是他分得的鱼数，而五分之四是后面一个人要分的鱼数。所以可以定义函数从捕鱼数是 1 开始尝试，直到满五人分鱼的条件为止。程序代码如下：

```python
def main():
    fish = 1                              # 设置捕鱼数的初值为 1
    while True:                           # 循环一直进行，直到找到满足条件的鱼数才终止循环
        total, enough = fish, True        # enough 是满足条件的标志
        for i in range(5):                # 循环 5 次，满足五人分鱼
            if(total - 1) % 5 == 0:
                total = (total - 1) // 5 * 4   # 下一人的分鱼数
            else:
                enough = False
                break
        if enough:
            print(f'总共有 {fish} 条鱼')
            break
        fish += 1                         # 不满足条件后，捕鱼数自加

if __name__ == '__main__':
    main()
```

程序运行结果如下：

```
总共有 3121 条鱼
```

说明：调用程序中的"if __name__ == '__main__'"，类似于 C 语言中的 main() 函数，这种做法使得该程序在交互式方式运行时可以直接获得运行结果，而在当作模块导入时，仅执行构建的函数部分，主程序不起作用。

例5-17 编写函数实现冒泡排序。

分析：在前面的实例中，已实现了选择排序法，排序算法在程序设计中是一类很常见的问题，也有很多种不同的排序方法。冒泡排序（bubble sort）也是一种简单直观的排序算法。它重复遍历要排序的数列，依次比较相邻的两个元素，如果顺序错误就将其交换过来。遍历数列的工作重复进行，直到没有再需要交换的数据，也就是说该数列已经排序完成。在排序过程中，因为越小的元素会经由交换慢慢"浮"到数列的顶端，所以称为冒泡排序。

冒泡排序的实现代码如下：

```python
def bubbleSort(arr):
    n = len(arr)
    # 遍历所有数组元素
    for i in range(n):          # 这个循环负责设置冒泡排序进行的次数
```

```
            for j in range(0, n-i-1):# j为列表下标
                if arr[j] > arr[j+1] :
                    arr[j], arr[j+1] = arr[j+1], arr[j]

from random import randint
arr=[]
for i in range(1,11):
    x=randint(10,100)
    arr.append(x)
print("排序前的数组:")
for i in range(len(arr)):
    print("%d" %arr[i],end=' ')
bubbleSort(arr)
print("")
print("排序后的数组:")
for i in range(len(arr)):
    print("%d" %arr[i],end=' ')
```

程序运行结果如下:

```
排序前的数组:
12 98 49 24 72 55 80 13 49 56
排序后的数组:
12 13 24 49 49 55 56 72 80 98
```

例5-18 编写函数实现插入排序。

分析：插入排序（insertion sort）也是一种简单直观的排序算法。它的工作原理是通过构建有序序列，对于未排序数据，在已排序序列中从后向前扫描，找到相应位置进行插入。

插入排序的工作方式像许多人排序手中的扑克牌。为了找到新抓的一张牌的正确位置，从右到左将其与已在手中的排好序的牌进行比较，找到合适的位置，并插入其中。按照此方法对所有元素进行插入，称为插入排序。

插入时分插入位置和试探位置，元素i的初始插入位置为i，试探位置为i-1，在插入元素i时，依次与i-1、i-2……元素比较，如果被试探位置的元素比插入元素大，那么被试探元素后移一位，元素i插入位置前移1位，直到被试探元素小于插入元素或者插入元素位于第一位。

程序代码如下:

```
def insertSort(arr):
    length = len(arr)
    for i in range(1,length):
        x = arr[i]
        for j in range(i,-1,-1):
            # j为当前位置，试探j-1位置
            if x < arr[j-1]:
                arr[j] = arr[j-1]
            else:
                # 位置确定为j
                break
```

```
            arr[j] = x

def printArr(arr):
    for item in arr:
        print(item,end=" ")
    print("")

arr = [6,2,5,2,8,5,9,1]
print("-------- 插入排序前 --------")
printArr(arr)
insertSort(arr)
print("-------- 插入排序后 --------")
printArr(arr)
```

程序运行结果如下:

```
-------- 插入排序前 --------
6 2 5 2 8 5 9 1
-------- 插入排序后 --------
1 2 2 5 5 6 8 9
```

例5-19 十进制数转换为十六进制数的函数设计。

分析：前面的实例中，已经实现了十进制转换为二进制的算法设计，十进制转换为十六进制的方法是相同的，但要注意，因为十六进制包含6个字母，所以在转换时当求得的余数大于或等于10时，要把余数转换成对应的字母。

程序代码如下：

```
# 产生从 0 到 F 共 16 个数字 [0,1,2,3,4,5,6,7,8,9,A,B,C,D,E,F]
base = [str(x) for x in range(10)] + [ chr(x) for x in range(ord('A'), ord ('A')+6)]
def dec2hex(num):
    l = []
    while True:
        num,rem = divmod(num, 16)        # 通过 divmod() 函数同时返回商和余数
        l.append(base[rem])
        if num == 0:
            return ''.join(l[::-1])       # 余数倒序连接

num=255
print(dec2hex(num))
```

例5-20 编写递归函数实现二分查找。

分析：在搜索算法中，除了常见的比较每个元素的线性搜索方法之外，还有搜索效率较高的二分查找方法。二分查找方法是一种在有序数组中查找某一特定元素的搜索算法。搜索过程从数组的中间元素开始，如果中间元素正好是要查找的元素，则搜索过程结束；如果某一特定元素大于或小于中间元素，则在数组大于或小于中间元素的那一半中查找，而且与开始一样从中间元素开始比较。如果在某一步骤数组为空，则代表找不到。这种搜索算法每一次比较都使搜索范围缩小一半。

二分查找算法的执行是一种递归调用的思路，所以可以用递归函数实现。程序代码如下：

```
# 返回 x 在 arr 中的索引，如果不存在返回 -1
def binarySearch (arr, l, r, x):
```

```
            if r >= 1:
                mid = int(l + (r - 1)/2)
                # 查找的元素正好是中间位置元素
                if arr[mid] == x:
                    return mid
                # 元素小于中间位置的元素，只需要再比较左边的元素
                elif arr[mid] > x:
                    return binarySearch(arr, l, mid-1, x)
                # 元素大于中间位置的元素，只需要再比较右边的元素
                else:
                    return binarySearch(arr, mid+1, r, x)
            else:
                # 不存在
                return -1

def printArr(arr):
    for item in arr:
        print(item,end=" ")
    print("")

# 测试数组
arr = [ 2, 3, 8,10, 25,77,92 ]
x = 77
printArr(arr)
print(" 查找元素为 ",x)
# 函数调用
result = binarySearch(arr, 0, len(arr)-1, x)
if result != -1:
    print (" 查找元素在数组中的索引为 %d" % result )
else:
    print (" 查找元素不在数组中")
```

程序运行结果如下：

```
2 3 8 10 25 77 92
查找元素为 77
查找元素在数组中的索引为 5
```

小　　结

本章学习了 Python 自定义函数设计，包括函数的定义与调用、参数的传递与参数类型、变量的作用域、递归函数的使用以及匿名函数，以及简单介绍了 Python 中的标准库函数。在实际编程应用中，合理地设计函数，可以让程序更加简洁易懂，代码易于重用，提高编程效率。

习　　题

一、选择题

1. 下列关于 Python 中函数的说法不正确的是（　　）。
    A. 函数内容以冒号起始，并且缩进
    B. 结束函数时如果 return 语句不带表达式相当于无返回值
    C. 在函数内部可以使用 global 定义全局变量
    D. Python 中定义函数的关键字是 def

2. 下列定义函数的方法，在 Python 中正确的是（   ）。
   A. def <name>(arg1,arg2,…,argN)
   B. class<name>(<type> arg1,<type> arg2,…,<type> argN)
   C. function <name>(arg1,arg2,…,argN)
   D. def <name>(<type> arg1,<type> arg2,…,<type> argN)
3. list(map(lambda x:len(x),['a','12','ab123'])) 代码的输出结果是（   ）。
   A. [1, 0, 2]   B. [1, 2, 3]   C. [1, 2, 5]   D. [0, 2, 3]
4. 执行下列程序：

```
f1=lambda x:x*2
f2=lambda x:x**2
print(f1(f2(2)))
```

程序运行结果是（   ）。
   A. 8   B. 2   C. 4   D. 6
5. 执行下列程序：

```
counter=1
num=0
def test():
    global counter
    for i in (1,2,3):
        counter+=1
    num=10
test()
print(counter,num)
```

程序运行结果是（   ）。
   A. 1 0   B. 1 10   C. 4 0   D. 4 10
6. 执行下列程序：

```
def Sum(a,b=3,c=5):
    return a+b+c
print(Sum(8,2))
```

程序运行结果是（   ）。
   A. 10   B. 15   C. 16   D. 13

二、编程题

1. 编写函数，计算公式 $1^3 + 2^3 + 3^3 + 4^3 + \cdots + n^3$。
   实现要求：

   输入：n = 5
   输出：225

2. 编写函数，查找两个数的最小公倍数。
   实现要求：

   输入：x=45,y=36
   输出：180

3. 编写函数，统计某个元素在列表中出现的次数。

实现要求：

输入：x = 5
输出：3 次

4. 列表元素筛选。输入一个列表，列表中的元素都为整数，自定义列表筛选函数，功能是检查传入的列表对象，将奇偶位索引（注意列表的索引是从 0 开始的）对应的元素，分成两个新列表返回给调用者。

输入样例：

[4 6 5 9]

输出样例：

奇数位列表：[6, 9]
偶数位列表：[4, 5]

5. 两组数值的差异估算。给出两组相同数量的整数，求这两组整数的差异估算，即对应数差值平方之和。

例如：
第一组为 a1, a2, …, an
第二组为 b1, b2, …, bn
即编写函数，求 (a1−b1)^2+(a2−b2)^2+…+(an−bn)^2 的值。

输入样例：

1 2
1 2

输出样例：

0

6. 输出指定范围内的超级质数（超级质数是指本身是质数并且构成数值的每一个数字也是质数，比如 23）。

7. 编写递归函数实现快速排序法。快速排序使用分治法（divide and conquer）策略把一个序列（list）分为较小和较大的两个子序列，然后递归地排序两个子序列。

步骤为：

挑选基准值：从数列中挑出一个元素，称为"基准"（pivot）。

分割：重新排序数列，所有比基准值小的元素摆放在基准前面，所有比基准值大的元素摆放在基准后面（与基准值相等的数可以到任何一边）。在这个分割结束之后，对基准值的排序就已经完成；

递归排序子序列：递归地将小于基准值元素的子序列和大于基准值元素的子序列排序。
递归的边界条件是数列的大小是零或一，此时该数列显然已经有序。

输入样例：

3 8 2 5 4 7

输出样例：

2 3 4 5 7 8

第 6 章　类与对象

本章介绍开发面向对象程序应该必备的基础知识,包括面向对象的基本思想、类和对象的定义与使用、类的继承机制、常用类及其相关内置函数,以及类的应用案例,为学习 Python 程序设计方法和开发技术做好准备。

6.1　面向对象的基本思想

图灵奖得主、Pascal 之父 Nicklaus Wirth 曾一针见血地指出:"算法 + 数据结构 = 程序"。数据结构是计算机存储、组织数据的方式,算法是处理数据以解决问题的策略和方法。由此可见,程序设计过程就是组织数据和设计操作数据方法的过程。

面向对象(object oriented,OO)是一种经典的程序设计思想。面向对象通过对现实世界的理解和抽象,抽取出共同的、本质性的数据及对数据的操作方法,把它们放在一起作为一个相互依存的抽象整体。这个抽象的整体称为类(class),数据称为属性(attribute),数据的操作方法称为方法(method)或行为,把具象化的真实个体称为对象(object)或者实例(instance)。类相当于模板,而对象是根据模板生成的具有独特个性的实例。

以人为例来解释面向对象的基本思想。人通常具有姓名、性别、年龄、身高、体重等信息,同时还有吃饭、睡觉等行为。把抽取的共同信息和行为封装到人类中,见表 6-1。

表6-1　抽象的人类包含的属性和方法

人(类对象)	
属性	姓名、性别、年龄、身高、体重
行为/方法	吃饭、睡觉

小明是根据人类生成的对象实例,见表 6-2。可以看出,对象是按照类作为模板,把属性具体化,具备人类的所有属性和行为。

表6-2　具象化的对象小明包含的属性和方法

小明(实例对象)		
属性	姓名	小明
	性别	男
	年龄	20
	身高	170
	体重	70
行为/方法	吃饭、睡觉	

面向对象有三大特征：封装性（encapsulation）、继承性（inheritance）、多态性（polymorphism）。由于继承、封装、多态的特性，可以更加高效地设计出高内聚、低耦合的系统结构，使得系统更灵活。

（1）封装把客观事物封装成抽象的类，隐藏了属性和方法实现细节，仅对外提供公共的访问方式，这样就隔离了具体的变化，便于使用；并且类可以把自己的数据和方法只让可信的类或者对象操作，对不可信的进行信息隐藏，提高了复用性和安全性。

（2）继承性就是两种事物间存在着一定的所属关系，那么继承的类就可以从被继承的类中获得属性和方法，在无须重新编写原来类的情况下对这些功能进行扩展，就提高了代码的复用性和可扩展性，维护起来也更加方便。

（3）多态是指向不同的对象发送同一条消息，不同的对象在接收时会产生不同的行为（即方法）。即每个对象可以用自己的方式去响应共同的消息，执行不同的函数，提高程序扩展性。

6.2 类和对象的概念

6.2.1 类

类提供了一种组合数据和功能的方法，用来描述具有相同属性和方法的类型集合。类是面向对象编程中最基本的数据结构。

在 Python 中，使用关键字 class 声明类，具体格式如下：

```
class 类名：
    """ 类文档字符串 """
    类体
```

其中，类名是根据 Python 命名规则给出的有效标识符，为了和函数名区分，一般首字母大写，其他字母小写；类文档字符串（docstring）是一段简要描述类相关信息的字符串，可以通过类名.__doc__方法来访问；类体是包含描述状态的数据（属性）和描述操作的成员函数（方法），如果要创建一个空类，可以指定类体为 pass。

例 6-1 创建空的 Person 类。

```
class Person:
    """
        这是一个空的 Person 类
    """
    pass
```

6.2.2 对象

定义一个新类意味着定义了一个新的对象类型，从而允许创建该类型的新实例。创建新实例的方式如下：

```
实例名 = 类名（[形参列表]）
```

其中，形参列表与 __init__ 函数保持一致。

每个类的实例可以拥有保存自己状态的属性。一个类的实例也可以有改变自己状态的（定义在类中的）方法。在使用类之前，要先定义类以及其中的属性和方法。调用实例的格式如下：

```
实例名.方法名([形参列表])
实例名.属性
```

> **例 6-2** 创建实例对象,调用实例对象的属性和方法。

```python
class Person:
    name = '小明'
    def hello(self):
        print('hello world!')

if __name__ == '__main__':
    p1 = Person()              # 创建对象实例
    p1.hello()                 # 调用 hello() 方法
    print(p1.name)             # 访问实例 p1 的 name 属性
```

程序运行结果如下:

```
hello world!
小明
```

6.3 属　　性

属性用来存储类中的数据成员,即存储描述类的特征的值。属性实际上是定义在类中的变量,可以被类内的方法和对象进行访问,但是在使用前需要对属性进行初始化赋值操作。

属性可以分成实例属性和类属性两种。

6.3.1 实例属性

实例属性保存在实例对象中,为实例对象自己私有。实例属性一般在构造函数 __init__ 中初始化实例属性。__init__ 函数的第一个参数必须为 self,后续参数用户可以自行定义。访问实例属性的格式如下:

```
实例名.属性
```

注意:不可使用类对象来访问实例属性。

> **例 6-3** 按表 6-1 中的属性初始化 Person 类,并根据表 6-2 实例化对象。

通过分析表 6-1 中的属性,姓名、性别、年龄、身高、体重信息均是个性化的信息,用来描述对象的特征,而非描述类的特征。这种属性通常被设置为实例属性,程序代码如下:

```python
class Person:
    def __init__(self,name,gender,age,height,weight):
        # 在类中通过 self.属性的方式使用实例属性
        self.name = name
        self.gender = gender
        self.age = age
        self.height = height
        self.weight = weight

if __name__ == '__main__':
    p1 = Person('小明','男',20,170,70)
    print('小明的身高是{}'.format(p1.height))  # 通过实例.属性的方式使用实例属性
```

```
        print('身高是{}'.format(Person.height))    # 错误，不可以使用类对象访问实例属性
```
程序运行结果如下：

```
AttributeError: type object 'Person' has no attribute 'height'
小明的身高是170
```

在本例中，name、gender、age、height 和 weight 是实例属性，通过 __init__ 函数中的参数分别对实例属性进行赋值，得到实例化对象。访问实例属性时通过实例名.属性访问，如例中的 p1.height。当用类对象 Person 访问实例属性时，程序报错。

6.3.2 类属性

类属性又称静态属性，为所有类对象的实例对象（实例方法）所共有，在内存中只存在一个副本，多个实例对象之间共享这个副本。

在对属性进行初始化时，通常在类定义的开始位置初始化类属性。访问类属性的格式如下：

```
类名.属性            # 推荐
实例名.属性          # 不推荐
```

例 6-4 在例 6-3 的基础上，添加 count 属性用来统计创建的 Person 对象个数。

姓名、性别、年龄、身高、体重信息属于实例属性，用来描述实例的特征；用来统计创建 Person 对象个数的 count 属性并不是对实例的特征描述，而是用来描述 Person 类的特征，因此 count 属性应该被设置为类属性，程序代码如下：

```
class Person:
    count = 0                              # 初始化类属性，用来记录创建 Person 类的实例个数
    def __init__(self,name,gender,age,height,weight):
        # 在类中通过self.属性的方式使用实例属性
        self.name = name
        self.gender = gender
        self.age = age
        self.height = height
        self.weight = weight
        Person.count = Person.count + 1    # 通过类名.属性的方式使用类属性
        print('初始化{}完成,当前Person类共有实例{}个'.format(name,\
                                                      Person.count))
if __name__ == '__main__':
    p1 = Person('小明','男',20,170,70)
    p2 = Person('小红', '女', 30, 160, 60)
    p3 = Person('小方', '女', 14, 162, 46)
    print('当前总人数为:{}'.format(Person.count))# 通过类名.属性的方式使用类属性
    print('小明的身高是{}'.format(p1.height))
    print('当前总人数为:{}'.format(p2.count))   # 通过实例.属性的方式使用类属性
```

程序运行结果如下：

```
初始化小明完成,当前Person类共有实例1个
初始化小红完成,当前Person类共有实例2个
初始化小方完成,当前Person类共有实例3个
当前总人数为:3
小明的身高是170
当前总人数为:3
```

在本例中，count 是类属性，name、gender、age、height 和 weight 是实例属性。从代码中可以看出二者有如下明显的区别。

① 在类代码开始的位置初始化类属性，在 __init__ 中初始化实例属性；

② 通过类名.属性来访问类属性，即 Person.count，通过实例名.属性访问实例属性，如例中的 p1.height 和 p2.age。从运行结果可以看出，在创建实例对象 p1、p2 和 p3 时，调用了 __init__ 函数对属性进行初始化。类属性 count 是所有实例共有，每次创建实例对象时都对 count 进行了加 1 操作，创建 3 个实例对象后，count 为 3。

值得注意的是，Python 中属性访问需要遵循向上查找机制，流程如图 6-1 所示。根据属性的获取机制，也可以使用实例名.属性来访问类属性。如在例 6-4 中，可以使用 p1.count、p2.count 或者 p3.count 来访问类属性。但是为了避免不必要的误解，通常不建议使用实例名.类属性的方式来访问类属性。

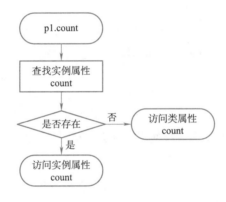

图6-1　属性获取向上查找机制

此外，Python 设置了一些内置类属性。只要创建了类，系统就会自动创建这些属性。表 6-3 给出了常见的内置类属性。

表6-3　常见的内置类属性

常用专有属性	说　　明
__dict__	由类的数据属性组成属性字典
__doc__	类的文档字符串
__name__	类名
__module__	实例对象所在模块名称
__bases__	类的所有父类构成的元组

6.4　方　　法

在 Python 中，方法即类中定义的函数，定义的方式和普通函数一样。方法可以分成实例方法、类方法和静态方法三种。

6.4.1　实例方法

实例方法又称对象方法，指的是用户在类中定义的普通方法。

在 Python 中规定，类中函数的第一个参数是实例对象本身，并且约定俗成，把其名字写为 self，表示当前类的实例对象，可以调用当前类中的属性和方法。

需要注意的是，这里的 self 不是关键字，而是函数的参数，设置成 self 只是约定俗成。当然，也可以改成其他符合 Python 命名规则的变量名称。

例 6-5 输出 self 参数类型。

程序代码如下：

```
class Person:
    def selftype(self):
        print(self)
p = Person()
p.selftype()
```

程序运行结果如下：

```
<__main__.Person object at 0x00000223CB6F4B48>
```

从例 6-5 可以看出，self 是 Person 类的对象。

声明实例方法的具体格式如下：

```
def 方法名(self,[形参列表]):
    函数体
```

实例方法顾名思义，只有实例对象使用的方法。调用实例方法的具体方式如下：

```
实例名.方法名([形参列表])
```

需要说明的是，在调用实例方法的时候，第一参数 self 不需要传入。Python 会把调用方法的实例对象自动传递给 self。

例 6-6 按表 6-1 中的属性和方法初始化 Person 类。

吃饭、睡觉一般用来描述某个个体的行为，因此用实例方法来定义这两种方法。程序代码如下：

```
class Person:
    def __init__(self,name,gender,age,height,weight):
        #在类中通过self.属性的方式使用实例属性
        self.name = name
        self.gender = gender
        self.age = age
        self.height = height
        self.weight = weight
    def eat(self,food):            #定义eat方法
        print('{}正在吃{}'.format(self.name,food))
    def sleep(self):               #定义sleep方法
        print('{}正在睡觉'.format(self.name))

if __name__ == '__main__':
    p1 = Person('小明','男',20,170,70)
    p1.eat('面条')
    p1.sleep()
    Person.eat('面条')             #调用错误，类实例不能调用
```

注意：只有实例对象才能调用实例方法，如果用类对象调用实例方法会提示错误。

```
小明正在吃面条
小明正在睡觉
TypeError: eat() missing 1 required positional argument: 'food'
```

在本例中，通过实例对象 p1 调用实例方法 eat 和 sleep，程序均正确执行；当用类对象 Person 调用 eat 方法时，则出现错误。可见不可以使用类对象调用实例方法。

6.4.2 类方法

类方法是类对象所拥有的方法。声明类方法需要用修饰器 @classmethod 来标识。类方法要求第一个形参必须是类对象 cls，（也可以用符合 Python 命名规则的其他变量作为其第一个参数，使用 cls 是沿用了命名习惯）。因为传入的参数是类变量而不是实例变量，所以类方法不能访问实例属性而只能访问类属性。

```
@classmethod
def 方法名(cls,[形参列表]):
    函数体
```

和类属性类似，类方法不仅能够通过类对象访问，也能够通过实例对象访问。为了不引起误会，通常用类对象访问类方法，实例对象访问实例方法。由于类方法无须创建实例对象调用，所以和实例方法调用比较来说，类方法更为灵活。

```
类名.方法名([形参列表])           #推荐
实例名.方法名([形参列表])         #不推荐
```

需要说明的是，在调用类方法的时候，第一参数 cls 也不需要传入。Python 会把类对象自动传递给 cls。

例 6-7 类方法用法示例。

实例方法一般用来定义实例对象个体的行为，如 Person 类中的吃饭、睡觉等。当方法只涉及类属性，也就是说不访问实例属性或者实例方法，则可以将该方法声明为类方法。这样做的好处是可以只使用类对象调用该方法，而不用先生成实例对象再调用。程序代码如下：

```
class Person:
    count = 0              #类属性，用来记录创建 Person 类的实例个数
    def __init__(self,name,gender,age,height,weight):
        #在类中通过 self.属性的方式使用实例属性
        self.name = name
        self.gender = gender
        self.age = age
        self.height = height
        self.weight = weight
        Person.count = Person.count + 1   #通过类名.属性的方式使用类属性
    #eat 和 sleep 为实例方法，函数的第一个参数为 self
    def eat(self,food):     #定义 eat 方法
        print('{}正在吃{}'.format(self.name,food))
    def sleep(self):        #定义 sleep 方法
        print('{}正在睡觉'.format(self.name))
    @classmethod            #用 @classmethod 声明类方法，函数的第一个参数为 cls
    def showcount(cls):     #通过类对象 cls 显示当前共创建实例对象个数
        print('当前共创建实例对象{}个'.format(cls.count))
```

```
    if __name__ == '__main__':
        Person.showcount()                    # 通过类对象访问类方法
        p1 = Person('小明','男',20,170,70)
        Person.showcount()                    # 通过类对象访问类方法
        p2 = Person('小红','女', 30, 160, 60)
        p2.showcount()                        # 通过实例对象访问类方法
```

程序运行结果如下：

```
当前共创建实例对象 0 个
当前共创建实例对象 1 个
当前共创建实例对象 2 个
```

6.4.3 静态方法

声明静态方法需要用修饰器 @staticmethod 来标识。静态方法既不需要传入 self 参数，也不需要传入 cls 参数，这使得调用静态方法并不能获得类中定义的实例属性和其他方法，因此也无法改变类对象或实例对象的状态，这点与实例方法或类方法不一样。

```
@staticmethod
def 方法名([形参列表]):
    函数体
```

静态方法既可以通过实例对象调用，也可以通过类对象调用，参数可以为空。

```
类名.方法名([形参列表])
实例名.方法名([形参列表])
```

静态方法由于不需要传入 self 参数或者 cls 参数，因此静态方法主要用来存放逻辑上属于类但是和类没有交互的代码。这些代码不涉及类中的实例方法和实例属性的操作。可以理解为将静态方法存在此类的名称空间中。与普通函数不同，调用静态方法时，只能通过类对象（或者实例对象），而不能脱离类对象使用。

在 Python 引入静态方法之前，通常是在全局名称空间中创建函数，但这样会导致代码难以维护。不需要传入属性值进行处理的情况下，静态方法更容易让人清楚地阅读。

例 6-8 给 Person 类增加身份证号属性，并增加方法检测初始化时输入的身份证号长度是否正确。

检测初始化时输入的身份证号长度是否正确，不需要访问类中的属性和方法，和类基本上没有交互，相当于一个独立的工具，因此把该方法声明为静态方法。程序代码如下：

```
class Person:
    count = 0                              # 类属性，用来记录创建 Person 类的实例个数
    def __init__(self,name,gender,age,height,weight,id):
        # 在类中通过 self.属性的方式使用实例属性
        self.name = name
        self.gender = gender
        self.age = age
        self.height = height
        self.weight = weight
        if Person.checkid(id):             # 调用静态方法检测身份证号长度是否正确
            self.id = id
        else:
```

```
                return
            Person.count = Person.count + 1   # 通过类名.属性的方式使用类属性
    #eat 和 sleep 为实例方法，函数的第一个参数为 self
    def eat(self,food):                  # 定义 eat 方法
        print('{} 正在吃 {}'.format(self.name,food))
    def sleep(self):                     # 定义 sleep 方法
        print('{} 正在睡觉 '.format(self.name))
    @classmethod                         # 用 @classmethod 声明类方法，函数的第一个参数为 cls
    def showcount(cls):                  # 通过类对象 cls 显示当前共创建实例对象个数
        print(' 当前共创建实例对象 {} 个 '.format(cls.count))
    @staticmethod
    def checkid(id):                     # 静态方法，用来检测输入身份证号的位数是否符合要求
        if len(id)!= 18:
            print(' 输入身份证号码长度有误! ')
            return False
        else:
            return True

if __name__ == '__main__':
    Person.showcount()                   # 通过类对象访问类方法
    p1 = Person(' 小明 ',' 男 ',20,170,70,'1234562010003070032')
    Person.showcount()                   # 通过类对象访问类方法
    p2 = Person(' 小红 ',' 女 ', 30, 160, 60,'12345620100307')
    Person.showcount()                   # 通过实例对象访问类方法
    Person.checkid('123456')             # 通过类对象访问静态方法
    p2.checkid('123456')                 # 通过实例对象访问静态方法
```

程序运行结果如下：

```
当前共创建实例对象 0 个
当前共创建实例对象 1 个
输入身份证号码长度有误!
当前共创建实例对象 1 个
输入身份证号码长度有误!
输入身份证号码长度有误!
```

通过上面的示例可以看出，实例对象和实例方法可以访问实例属性、类属性、实例方法、类方法和静态方法。类对象、类方法和静态方法只能访问类属性、类方法和静态方法，即与实例无关的属性和方法。访问权限总结见表 6-4。

表6-4　实例对象、类对象、实例方法、类方法和静态方法访问权限

项目	实例属性	类属性	实例方法	类方法	静态方法
实例对象	√	√	√	√	√
类对象	×	√	×	√	√
实例方法	√	√	√	√	√
类方法	×	√	×	√	√
静态方法	×	√	×	√	√

6.5 私有成员和公有成员

在 Python 中，不像 C++ 或者 Java 那样，有专门的 private 和 public 关键字来指定哪些成员是公有的，哪些成员是私有的。Python 默认类成员是公有的，所有属性和方法都可以直接访问。为了增加访问控制限制，约定在定义类的成员时，如果成员名以两个下画线"__"开头而不以两个下画线结束则表示是私有成员。

有时候实例的某些属性或方法不希望在外部被访问到，只在对象的内部被使用，此时就需要通过私有将属性和方法都隐藏起来。

例 6-9 私有成员示例。

重新思考 Person 类中的 count 类属性，如果有用户不了解情况，在类外部给 count 赋值，如 Person.count = 100，那么将导致计数的不准确。这里可以考虑将 count 设置为私有属性，即可避免这个问题。考虑到身份证号信息也不能让外部随便访问到，也将其设为私有属性。还有身份证号码判断函数也不希望外部使用，也将其设为私有方法。

```python
class Person:
    __count = 0                              # 私有类属性，用来记录创建 Person 类的实例个数
    def __init__(self,name,gender,age,height,weight,id):
        # 在类中通过 self.属性的方式使用实例属性
        self.name = name
        self.gender = gender
        self.age = age
        self.height = height
        self.weight = weight
        if Person.__checkid(id):             # 调用私有静态方法检测身份证号长度是否正确
            self.id = id
        else:
            return
        Person.__count = Person.__count + 1  # 通过类名.属性的方式使用类属性
    #eat 和 sleep 为实例方法，函数的第一个参数为 self
    def eat(self,food):                      # 定义 eat 方法
        print('{}正在吃{}'.format(self.name,food))
    def sleep(self):                         # 定义 sleep 方法
        print('{}正在睡觉'.format(self.name))
    @classmethod                             # 用 @classmethod 声明类方法，函数的第一个参数为 cls
    def showcount(cls):                      # 通过类对象 cls 显示类的私有属性
        print('当前共创建实例对象{}个'.format(cls.__count))
    @staticmethod
    def __checkid(id):                       # 私有静态方法，用来检测输入身份证号的位数是否符合要求
        if len(id) != 18:
            print('输入身份证号码长度有误！')
            return False
        else:
            return True

if __name__ == '__main__':
    p1 = Person('小明','男',20,170,70,'1234562010030700032')
    p1.showcount()                           # 可以调用，当前共创建实例对象1个
```

```
    p1.__count ==100
     # 报错 AttributeError: 'Person' object has no attribute '__count'
    print(p1.__id)
     # 报错 AttributeError: 'Person' object has no attribute '__id'
    Person.__checkid('123456')
     # 报错 AttributeError: type object 'Person' has no attribute '__checkid'
```

通过上例可以发现，私有成员只能在定义类体时访问，在外部不能访问。

6.6 继承机制

继承是面向对象设计的重要思想，其核心是代码的复用和功能扩展。在面向对象程序设计中，如果多个类中存在相同的属性和行为时，可以将这些相同的内容抽取到单独一个类中，这个类称为父类（基类或者超类）。其他类无须再定义这些属性和行为，只需要通过继承父类，即可拥有父类中的非私有的属性和行为，这些类称为子类。这样做的好处是子类不仅可以复用父类的代码，同时又可以定义新的方法和属性来扩展子类的功能。

6.6.1 子类的定义

子类的声明格式如下：

```
class 子类名(父类1,[父类2,…]):
    类体
```

object 是所有对象的根基类。如果父类为 object，父类名可以省略。即没有指定父类就将其指定为 object 类的子类。

例 6-10 定义交通工具类，然后用继承的方式定义汽车类。

交通工具一般都具有加速、减速和停止的功能。汽车是交通工具的一种，具备上述交通工具的所有功能。在父类中实现这些功能后，子类可以自动继承这些功能，复用相关代码，代码更加简捷。

```
class vehicle():
    def __init__(self,speed):
        self.speed = speed
    def stop(self):
        self.speed = 0
        print('已停止')
    def speedup(self, x):
        self.speed += x
    def speeddown(self,x):
        self.speed -= x

class car(vehicle):
    def move(self):
        print('汽车正在以速度{}行驶！'.format(self.speed))

if __name__ == '__main__':
    c = car(100)
    c.move()
    c.speedup(20)
```

```
        c.move()
        c.speeddown(30)
        c.move()
        c.stop()
```

程序运行结果如下：

```
汽车正在以速度 100 行驶！
汽车正在以速度 120 行驶！
汽车正在以速度 90 行驶！
已停止
```

在本例中，car 类中没有显式地定义 __init__、stop、speedup 和 speeddown 方法，但是其继承了父类 vehicle 中的所有方法和属性，并增加了新方法 move。无论其调用 move 还是父类的 stop、speedup 和 speeddown 方法都可以正确执行。子类不重写 __init__，实例化子类时，会自动调用父类定义的 __init__。

6.6.2 类成员的继承和重写

子类继承了父类的属性和方法后，可以不做修改直接使用父类的方法，也可以重写父类中的方法。

例 6-11 定义交通工具类和飞机类。

飞机除了具备交通工具中的加速、减速和停止功能外，还具有调节飞行高度的功能，因此需要添加升高和降低两个功能和高度属性。

```python
class vehicle():
    def __init__(self,speed):
        self.speed = speed
    def stop(self):
        self.speed = 0
        print('已停止')
    def speedup(self, x):
        self.speed += x
    def speeddown(self,x):
        self.speed -= x
    def move(self):
        print('交通工具正在以速度{}行驶！'.format(self.speed))

class plane(vehicle):
    def __init__(self,speed,height):          # 重载父类__init__方法
        vehicle.__init__(self,speed)
        self.height = height
    def up(self,x):
        self.height += x
    def down(self,x):
        self.height -= x
    def move(self):                           # 重载父类中move方法
        print('飞机正在以速度{}在高度{}飞行！'.format(self.speed, self.height))

if __name__ == '__main__':
    c = plane(1000,20000)
```

```
c.move()
c.speedup(200)
c.down(5000)
c.move()
```

程序运行结果如下:

> 飞机正在以速度1000在高度20000飞行!
> 飞机正在以速度1200在高度15000飞行!

本例中 plane 类继承了 vehicle 中的 speed 属性和 __init__、stop、speedup、speeddown 以及 move 方法。根据需求又对 __init__ 和 move 进行了重写，添加了高度属性。

6.7 常用类及其相关内置函数

Python 为类和对象提供了丰富的功能，表 6-5 中列出了部分常用的和类相关的函数。

表6-5 Python中部分常用的和类相关的函数

函　　数	说　　明
__init__(self,…)	初始化对象，在创建新对象时调用
__del__(self)	释放对象，在对象被删除之前调用
__new__(cls,*args,**kwd)	实例的生成操作
__str__(self)	在使用print语句时被调用
__getitem__(self,key)	获取序列的索引key对应的值，等价于seq[key]
__len__(self)	在调用内联函数len()时被调用
__cmp__(stc,dst)	比较两个对象src和dst
__getattr__(s,name)	获取属性的值
__setattr__(s,name,value)	设置属性的值
__delattr__(s,name)	删除name属性
__getattribute__()	__getattribute__()功能与__getattr__()类似
__gt__(self,other)	判断self对象是否大于other对象
__lt__(slef,other)	判断self对象是否小于other对象
__ge__(slef,other)	判断self对象是否大于或等于other对象
__le__(slef,other)	判断self对象是否小于或等于other对象
__eq__(slef,other)	判断self对象是否等于other对象
__call__(self,*args)	把实例对象作为函数调用
issubclass(sub,sup)	判断参数 class 是否是类型参数sup的子类
isinstance(obj1,obj2)	判断obj1是否是obj2的类型，类似 type()
hasattr(obj,attr)	判断obj是否有属性attr（用字符串给出）
getattr(obj,attr[,default])	用于返回对象obj属性值attr
setattr(obj,attr,val)	用于设置对象obj属性值attr，该属性不一定是存在的
delattr(obj,attr)	用于从obj中删除属性attr，类似于del obj.attr
dir(obj= None)	dir()函数不带参数时，返回当前范围内的变量、方法和定义的类型列表；带参数时，返回参数的属性、方法列表
super(type,obj=None)	用于调用父类（超类）的一个方法，用来解决多重继承问题
vars(obj=None)	返回obj的属性及其值的一个字典；如果没有给出obj，vars()显示局部名字空间字典，也就是locals()

6.8 类的应用举例

例6-12 某公司有四种类型的员工,分别是经理、程序员、销售员和工人,根据下述工资计算方式设计一个工资结算系统。

① 经理的月薪是每月固定 15 000 元。

② 程序员的月薪按基本工资 10 000* 系数,系数由绩效决定,绩效分为 A~D 四个等级,系数分别为 1.2、1.1、1.0 和 0.9。

③ 销售员的月薪是 1 200 元的底薪加上销售额 5% 的提成。

④ 工人为计件工资,每件 2 元。

```python
class Employee():
    # 绑定员工的属性,工号、姓名
    def __init__(self, id, name):
        self.id = id
        self.name = name
    def salary(self):
        pass

class Manager(Employee):
    # 默认继承 Employee 属性:工号、姓名
    # 定义方法 salary 用来计算 department_manager 的薪水
    def salary(self):
        print('经理{}本月的薪水为15000元'.format(self.name))

class Programmer(Employee):
    # 程序员工资由基本工资和绩效两部分决定
    __basic = 10000                          #基本工资
    def __init__(self, id, name, performance):
        super().__init__(id,name)
        self.performance = performance
    def rank(self):
        if self.performance.upper() == 'A':
            r = 1.2
        elif self.performance.upper() == 'B':
            r = 1.1
        elif self.performance.upper() == 'C':
            r = 1
        else:
            r = 0.9
        return r
    def salary(self):
        s = self.__basic*self.rank()
        print('程序员{}本月薪水为{}元'.format(self.name,s))

class Salesman(Employee):
    # 销售员工资由基本工资和销售提成组成
    def __init__(self,id,name,value):
```

```python
        super().__init__(id, name)
        self.value = value
    def salary(self):
        s = 1200 + self.value * 0.05
        print('销售员{}本月的薪水为{}元'.format(self.name, s))

class Worker(Employee):
    # 工人工资为计件工资
    __price = 2
    def __init__(self,id,name,amount):
        super().__init__(id, name)
        self.amount = amount
    def salary(self):
        s = 2*self.amount
        print('工人{}本月薪水为{}元'.format(self.name,s))

if __name__ == '__main__':
    m = Manager('001', '张三')
    p = Programmer('003','李四','B')
    s = Salesman('008','王五',500000)
    w = Worker('010','朱六',4000)
    m.salary()
    p.salary()
    s.salary()
    w.salary()
```

程序运行结果如下：

```
经理张三本月的薪水为15000元
程序员李四本月薪水为11000.0
销售员王五本月的薪水为26200.0
工人朱六本月薪水为8000
```

小 结

本章主要介绍了面向对象编程的基础知识，包括面向对象的含义、类的基本概念、如何定义和使用类、类的属性和方法、类的继承机制、常用类及其相关内置函数，并给出了类的应用案例。

面向对象是一种经典的程序设计思想。面向对象有三大特征：封装性、继承性、多态性，可以更加高效地设计出高内聚、低耦合的系统结构，使得系统更灵活。

类提供了一种组合数据和功能的方法，用来描述具有相同属性和方法的类型集合法。类是面向对象编程中最基本的数据结构。属性用来存储类中的数据成员，即存储描述类的特征的值。属性实际上是定义在类中的变量，可以被类内的方法和对象进行访问。属性可以分为类属性和实例属性。方法是定义在类中的函数，可以分为实例方法、类方法和静态方法。继承是面向对象设计的重要思想，继承机制使得子类不仅可以复用父类的代码，同时又可以定义新的方法和属性来扩展子类的功能，其核心是代码的复用和功能扩展性。

习 题

1. 面向对象程序设计的优点有哪些?
2. 实例属性和类属性有什么区别?
3. 实例方法、静态方法和类方法的区别有哪些?
4. 继承的优点有哪些?
5. 创建一个名为 Shape 的类,其他形状如菱形、矩形、圆、三角形等继承它。然后根据每种类型计算面积和周长。

第 7 章 文件操作

本章介绍文件操作的基础知识，包括文件的基本概念、文件的打开与关闭、文件读写定位操作、目录操作以及文件应用的案例，为学习利用 Python 进行文件输入/输出操作做好准备。

7.1 文件的基本概念

在前面涉及的程序中，所有数据都保存在内存中，例如，通过程序建立的列表、字典等数据。当程序结束时，这些数据也会被清理掉。如果需要把数据永久存储起来，随时使用随时读取，则需要把这些数据保存到硬盘的文件中。

文件是以计算机硬盘为载体的具有文件名的一组相关元素的集合。从结构上看，文件分为有结构文件和无结构文件。有结构文件由若干个相关记录组成，无结构文件则被看成一个字符流；从展现形式上来看，文件又分为文本文件和二进制文件。常见的文本文件扩展名有 txt、bat、log、ini、c、py 等，文本文件可以通过 Windows 自带的记事本编辑。常见的图像、视频、Office 文件、可执行文件等都属于二进制文件，它们都无法通过记事本直接进行编辑。

在 Python 语言中，负责文件操作的称为文件对象，文件对象不仅可以访问存储在磁盘中的文件，也可以访问网络文件。对文件操作主要分为打开、读写和关闭三种。

7.2 文件的打开与关闭

文件对象通过 open() 函数打开，并且可以指定覆盖模式、编码方式以及缓存大小。获取文件对象后，就可以使用文件对象提供的方法来读写文件。打开文件的常用方式如下：

```
f = open(file, mode='r', buffering=-1, encoding=None)
```

参数说明：
file：必需，文件路径（相对或者绝对路径）。
mode：可选，文件打开模式。
buffering：设置缓冲。
encoding：编码方式。

其中，file 表示文件的位置，可以用相对路径或者绝对路径。在相对路径中，/ 表示根目录，在 Windows 系统下表示某个盘的根目录，如 E:\；./ 表示当前目录；（表示当前目录时，也可以去掉 ./，直接写文件名或者下级目录）../ 表示上级目录。如果没有为 open 指定 encoding 参数，默认使用系统的编码方式打开文件。常见的有 GBK、utf-8 等编码方式。

Python 为文件操作提供了丰富的打开模式，在编程过程中可以根据实际需要灵活地采用适合的方式组合使用,具体打开模式见表 7-1。

表7-1　文件打开模式

打开模式	说　　明
t	文本模式
b	二进制模式
+	打开一个文件进行更新(可读可写)
r	以只读方式打开文件。文件的指针将会放在文件的开头
rb	以二进制格式打开一个文件用于只读。文件指针将会放在文件的开头。一般用于非文本文件,如图片等
r+	打开一个文件用于读写。文件指针将会放在文件的开头
rb+	以二进制格式打开一个文件用于读写。文件指针将会放在文件的开头。一般用于非文本文件,如图片等
w	打开一个文件只用于写入。如果该文件已存在则打开文件,并从头开始编辑,即原有内容会被删除。如果该文件不存在,创建新文件
wb	以二进制格式打开一个文件只用于写入。如果该文件已存在则打开文件,并从头开始编辑,即原有内容会被删除。如果该文件不存在,创建新文件。一般用于非文本文件,如图片等
w+	打开一个文件用于读写。如果该文件已存在则打开文件,并从头开始编辑,即原有内容会被删除。如果该文件不存在,创建新文件
wb+	以二进制格式打开一个文件用于读写。如果该文件已存在则打开文件,并从头开始编辑,即原有内容会被删除。如果该文件不存在,创建新文件。一般用于非文本文件,如图片等
a	打开一个文件用于追加。如果该文件已存在,文件指针将会放在文件的结尾。也就是说,新的内容将会被写入已有内容之后。如果该文件不存在,创建新文件进行写入
ab	以二进制格式打开一个文件用于追加。如果该文件已存在,文件指针将会放在文件的结尾。也就是说,新的内容将会被写入已有内容之后。如果该文件不存在,创建新文件进行写入
a+	打开一个文件用于读写。如果该文件已存在,文件指针将会放在文件的结尾。文件打开时会是追加模式。如果该文件不存在,创建新文件用于读写
ab+	以二进制格式打开一个文件用于追加。如果该文件已存在,文件指针将会放在文件的结尾。如果该文件不存在,创建新文件用于读写

用 open() 函数打开文件,在文件操作完成后,需要调用 close() 函数将其关闭。文件对象会占用操作系统的资源,并且操作系统同一时间能打开的文件数量也是有限的。如果没有关闭,文件一直处于被占用的状态,其他程序操作该文件可能出现问题。

假设打开的文件对象为 f,关闭文件的语法格式如下:

```
f.close()
```

例 7-1　打开文件 test.txt 并读取其中的数据显示到屏幕上。

test.txt 文档的内容如图 7-1 所示。

```
f = open("test.txt", "r")
print(f.read())
f.close()
```

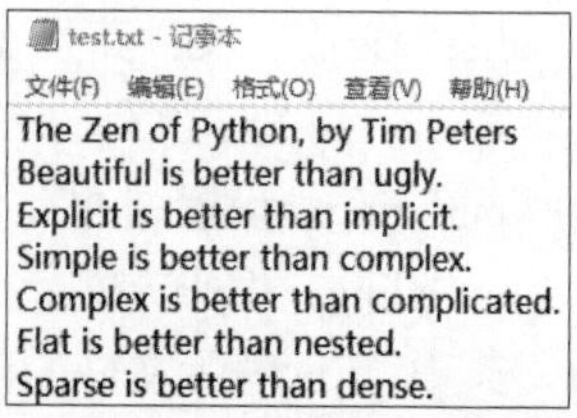

上述代码从当前目录以模式 'r' 只读方式打开 test.txt。如果在当前目录下存在 test.txt 文档,则可以读取其中的全部数据并显示。执行结果如下:

图7-1　test.txt文档内容

```
The Zen of Python, by Tim Peters
Beautiful is better than ugly.
Explicit is better than implicit.
```

```
Simple is better than complex.
Complex is better than complicated.
Flat is better than nested.
Sparse is better than dense.
```

如果当前目录不存在 test.txt 文档，则程序会报错。执行结果如下：

```
FileNotFoundError: [Errno 2] No such file or directory: 'test.txt'
```

由于文件读写时有可能产生异常，导致后面的 close() 函数不会调用。为了保证无论是否出错都能正确地关闭文件，可以使用 try ... finally 通过捕捉异常、处理异常来实现。这种方式比较烦琐，Python 引入了 with 语句来管理资源，自动调用 close() 方法。

例 7-2　用 with open() as 方式打开文件 test.txt，读取其中的数据并显示到屏幕上。

```
with open('test.txt', 'r') as f:
    print(f.read())
print(f.read())           # 错误，ValueError: I/O operation on closed file
```

在例 7-2 中，第一个 print(f.read()) 可以正确执行，执行完成后自动调用了 close() 方法。然后第二个 print(f.read()) 由于文件对象 f 已经被关闭，所以在这里程序报错。

7.3　文件的读写与定位操作

打开文件后，可以利用文件对象对文件进行读写等操作。如果要读写文件指定位置的数据，还需要定位操作。Python 提供了多种读写与定位函数，常见的有 read、readline、readlines、write、writelines、seek、tell 等，具体用法见表 7-2。

表7-2　Python中常用文件读写与定位函数

操作	方法	描述
读	f.read(size)	如果没有size，即f.read()一次性读取文件全部内容，返回类型str；如果有size，最多读取size字节内容
	f.readline()	每次读取一行内容，返回类型str
	f.readlines()	一次按行读取所有内容，返回list
写	f.write(s)	把字符串s写入文件
定位	f.seek(offset,begin)	读取begin位置向后移动offset个字符
当前位置	f.tell()	返回当前文件位置

注意：读取文件时，如果文件很小，可一次性读取；如果文件较大，全部读取会占用大量的内存空间，可以用 f.read(size) 每次最多读取 size 字节的内容。在把字符串写入文件时，如果写入结束，需要在字符串后面加上 "\n"。

例 7-3　分别用 read()、readline() 和 readlines() 函数读取 test.txt 中的数据。

```
with open('test.txt', 'r') as f:
    s1 = f.read(18)
    s2 = f.read(15)
    print('s1=',s1)
    print('s2=',s2)
    print(' 当前位置：',f.tell())          # 查看文件指针位置
```

```
        f.seek(0)                    # 把文件指针移动到文件开始位置
        print('文件指针移动到开始位置')
        s3 = f.readline()
        s4 = f.readlines()
        print('s3=',s3)
        print('s4=',s4)
```

程序运行结果如下：

```
s1= The Zen of Python,
s2=   by Tim Peters
当前位置： 34
文件指针移动到开始位置
s3= The Zen of Python, by Tim Peters
s4= ['Beautiful is better than ugly.\n', 'Explicit is better than implicit.\n',
'Simple is better than complex.\n', 'Complex is better than complicated.\n', 'Flat is
better than nested.\n', 'Sparse is better than dense.\n']
```

从例子中可以看出，无论是 read()、readline() 还是 readlines() 函数在读取指定长度下次读取的位置后均会自动向后移动。read() 和 readline() 返回的是字符串，readlines() 返回的是字符串列表。

例 7-4 用 write() 函数向 test.txt 中写入数据。

因为 test.txt 属于文本文件，所以这里用文本文件的写入方式。根据表 7-1 可知，文本文件写入数据时打开模式有 r+、w、w+、a 和 a+ 五种。下面分别用这五种模式打开 test.txt。test.txt 中包含两行，分别为 This is a test! 和 Write some words。

```
with open('test.txt', 'r+') as f:
    s = 'hello world!'
    f.write(s)
```

然后把打开模式从 r+ 分别替换成 w、w+、a 和 a+，五种打开模式执行写入操作后 test.txt 文档的内容见表 7-3。

表7-3 不同文件打开模式写入数据结果

模　　式	结　　果
r+	hello world!st! Write some words.
w	hello world!
w+	hello world!
a	This is a test! Write some words. hello world!
a+	This is a test! Write some words. hello world!

可以看出，r+、a 和 a+ 不清空文件，而 w 和 w+ 会清空文件。r+ 是在文件头开始替换原有内容，a 和 a+ 在文件末尾添加。

7.4 目录操作

在操作系统中，文件通常保存在文件夹中。文件夹是计算机磁盘空间中为了分类存储电子文件而建立的独立路径的目录。因此对文件操作时，往往还涉及对目录的操作。在实际操作中，往往会遇到大量重复操作,比如重命名一批目录或文件,如果手动操作非常耗时。Python 自带的 os 库提供了非常丰富的方法来处理文件和目录。可以很方便快捷地完成大部分目录操作。下面介绍常用的与文件相关的目录操作。

getcwd() 获得当前工作目录,即当前 Python 脚本工作的目录路径。

```
import os
print(os.getcwd())
# D:\github\Pythonbook
```

os.listdir 查找当前目录下的所有文件和目录名。

```
import os
path = os.getcwd()
print(os.listdir(path))
# ['chap7_1.py', 'chap7_3.py', 'chap7_4.py']
```

os.path.isfile 检验给出的绝对路径是否是一个文件。

```
import os
print(os.path.isfile(r'D:\github'))                          #False
print(os.path.isfile(r'D:\github\Pythonbook\chap6_5.py'))    #True
```

os.path.isdir 检验给出的绝对路径是否是一个目录。

```
import os
print(os.path.isdir (r'D:\github'))                          #True
print(os.path.isdir (r'D:\github\Pythonbook\chap6_5.py'))    #False
```

os.path.isabs 判断是否是绝对路径。

```
import os
print(os.path.isabs(r'D:\github'))                           #True
print(os.path.isabs(r'../github'))                           #False
```

os.path.exists 判断给出的文件或者文件夹是否存在。

```
import os
print(os.path.exists((r'D:\github\Pythonbook\chap6_5.py')))
#True
```

os.path.split 返回一个路径的目录名和文件名。

```
import os
print(os.path.split((r'D:\github\Pythonbook\chap6_5.py')))
#('D:\\github\\Pythonbook', 'chap6_5.py')
```

os.path.splitext 分离扩展名。

```
import os
print(os.path.splitext((r'D:\github\Pythonbook\chap6_5.py')))
#('D:\\github\\Pythonbook\\chap6_5', '.py')
```

os.path.dirname 获取文件目录。

```
import os
print(os.path.dirname((r'D:\github\Pythonbook\chap6_5.py')))#D:\github\Pythonbook
```

os.path.basename 获取文件名。

```
import os
print(os.path.basename(r'D:\github\Pythonbook\chap6_5.py')) #chap6_5.py
```

os.path.join 目录拼接。

```
import os
print(os.path.join('D:\github\Pythonbook','chap6_5.py'))
#D:\github\Pythonbook\chap6_5.py
```

os.walk 用来遍历一个目录内各个子目录和子文件。

```
import os
    for root, dirs, files in os.walk(r'D:\test', topdown=False):
        for name in files:
            print(os.path.join(root, name))
        for name in dirs:
            print(os.path.join(root, name))
    # D:\test\timg (1).gif
    # D:\test\timg (2).gif
    # D:\test\目录.docx
    # D:\test\sub
# D:\test\sub\b760acc76833.jpg
```

例 7-5 查询指定目录下的所有文件，并对其中的 jpg 文件重命名。如文件夹中有多个 jpg 文件，将这些 jpg 文件按顺序改成 1.jpg、2.jpg 等，如图 7-2 所示。

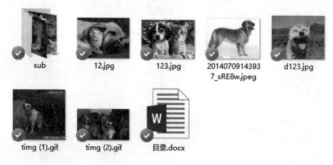

图7-2　文件夹内容

因为文件夹中还有子文件夹，所以需要用 os.walk 遍历所有文件夹。然后判断每个文件是否都是 jpg 扩展名，如果是需要修改文件名。程序代码如下：

```
import os
for root, dirs, files in os.walk(r'D:\test', topdown=False):
    count = 1
    for name in files:
        if os.path.splitext(name)[1] == '.jpg':
            newname = str(count)+'.jpg'
            os.rename(os.path.join(root, name),os.path.join(root, newname))
            count += 1
```

除了上面列出的目录操作外，表 7-4 中列出了一些常用的目录操作。

表7-4 Python os库常用函数

方法	描述
os.access(path, mode)	检验权限模式
os.chdir(path)	改变当前工作目录
os.chmod(path, mode)	更改权限
os.chown(path, uid, gid)	更改文件所有者
os.chroot(path)	改变当前进程的根目录
os.getcwd()	返回当前工作目录
os.getcwdu()	返回一个当前工作目录的Unicode对象
os.link(src, dst)	创建硬链接，名为参数 dst，指向参数 src
os.listdir(path)	返回path指定的文件夹包含的文件或文件夹的名字的列表
os.makedirs(path[, mode])	递归文件夹创建函数。像mkdir()，但创建的所有intermediate-level文件夹需要包含子文件夹
os.mkdir(path[, mode])	以数字mode为数字权限创建一个名为path的文件夹。默认值为0777（八进制）
os.mkfifo(path[, mode])	创建命名管道，mode 为数字，默认值为0666（八进制）
os.path 模块	获取文件的属性信息
os.remove(path)	删除路径为path的文件。如果path 是一个文件夹，将抛出OSError; 查看下面的rmdir()删除一个directory
os.removedirs(path)	递归删除目录
os.rename(src, dst)	重命名文件或目录，从src到dst
os.renames(old, new)	递归地对目录进行重命名，也可以对文件进行重命名
os.rmdir(path)	删除path指定的空目录，如果目录非空，则抛出一个OSError异常
os.symlink(src, dst)	创建一个软链接

7.5 文件操作应用举例

 例 7-6　把 a.txt 中所有文本中的空行去掉并保存到 b.txt 中。

```
file1 = open('a.txt', 'r', encoding='utf-8')    # 要去掉空行的文件
file2 = open('b.txt', 'w', encoding='utf-8')    # 生成没有空行的文件
try:
    for line in file1.readlines():
        if line == '\n':
            line = line.strip("\n")
        file2.write(line)
finally:
    file1.close()
    file2.close()
```

例 7-7　把文件夹中的所有 txt 文档内容合并到 all.txt 中。

```
import os
with open('all.txt','a',encoding='utf-8') as out:
```

```
        for root, dirs, files in os.walk(r'D:\test', topdown=False):
            for name in files:
                if os.path.splitext(name)[1] == '.txt':
                    with open(os.path.join(root, name),\
                              'r',encoding='utf-8') as f:
                        s = f.read()
                        print(s)
                        out.write(s)
```

例 7-8 提取 all.txt 中的姓名、邮箱和手机号存储到 info.txt 中，all.txt 中内容如图 7-3 所示。

小明：手机号11987692110，邮箱xiaoming@abc.com
张三丰：手机号11981234567，邮箱sanfengzhang@gmail.com
笑傲江湖：手机号11056789111，邮箱xiaoaojianghu@foxmail.com

图7-3　all.txt文档内容

```
import os
import re
with open('all.txt', 'r', encoding='utf-8') as f, open('info.txt','w') as f1:
    s = f.readline()
    while s:
        t = s.split(': ')
        # 提取姓名
        name = t[0]
        # 使用正则表达式提取邮箱
        pattern = re.compile(r"[a-zA-Z0-9_-]+@[a-zA-Z0-9_-]+(?:\.[a-zA-Z0-9_-]+)")
        emails = pattern.findall(s)
        # 使用正则表达式提取手机号
        pattern = re.compile(r"1[356789]\d{9}")
        phone = pattern.findall(s)
        if emails and phone:
            f1.write(name + ' ' + emails[0] + ' ' + phone[0] + '\n')
        s = f.readline()
```

小　结

本章主要介绍了文件操作的相关知识，包括文件的基本概念、文件的打开与关闭、文件读写和定位操作以及目录操作，并给出了文件操作和目录操作的相关案例。

文件是以计算机硬盘为载体的具有文件名的一组相关元素的集合。在 Python 语言中，负责文件操作的称为文件对象。对文件操作主要分为打开、读写和关闭三种。Python 为文件操作提供了非常丰富的打开模式，在编程过程中可以根据实际需要灵活地采用适合方式组合使用。打开文件后，可以利用文件对象对文件进行读写等操作。如果要读写文件指定位置的数据，还需要定位操作。在文件操作完成后，需要关闭文件对象，否则文件对象会持续占用操作系统的资源，并且其他程序操作该文件可能出现问题。

文件操作时，往往还涉及对目录的操作。Python 自带的 os 库提供了丰富的方法用来处理文件和目录。如文件和文件夹的创建、遍历、修改和删除，文件路径校验、分割和合并等。通过这些函数可以很方便快捷地完成大部分目录操作。

习　题

1．文本文件和二进制文件的区别有哪些？

2．文件对象用打开模式 r+、w、w+、a 和 a+ 都可以写入数据，它们之间的区别有哪些？r+、w+ 和 a+ 还可以读取数据，它们之间的区别有哪些？

3．读取文件 read()、readline()、readlines() 函数有哪些区别？

4．相对路径如何表示？如何用 os 库把相对路径转换为绝对路径？

5．读取一个英文 txt 文件，把每行的英文首字母变成大写。

第 8 章 异常处理与程序调试

本章介绍异常处理的基础知识与程序调试方法,包括异常处理的基本概念、Python自带的异常类和自定义异常类、Python中的异常处理、IDLE方式调试程序。

8.1 基本概念

异常处理是编程语言的一种机制,用于处理信息系统中出现的不正常情况。异常是一个事件,一旦程序出现错误,该异常事件就会在程序执行过程中发生,从而影响程序的正常执行。C++、C#、Java、PHP等许多常见的程序设计语言都存在异常处理,而且这些语言处理异常的方式也基本类似。同样,Python中也存在异常处理。在Python解释器遇到无法正常处理的程序时就会停止程序的运行,同时提示一些错误信息,此时就是发生了一个异常。当Python脚本发生异常时,需要捕获并处理它。Python中的异常处理方法有如下几种。

```
try...except...
try...except...else...
try...except...as...
try...finally...
raise...
```

一般情况下,程序出现错误大致分为语法错误、运行错误、逻辑错误等。异常处理可以反馈语法错误和运行错误,为调试程序提供了有效方法,大大提高了编程效率。此外,IDLE可以实现单步执行,快速找到程序的逻辑错误。这些方法的学习和掌握可以有效地提高程序的准确性和健壮性,减轻程序员的负担。

8.2 Python异常类与自定义异常

8.2.1 Python异常类

Python中有很多异常类,可以通过dir()函数简单查看自带的异常类。

```
>>>dir(__builtins__)
['ArithmeticError', 'AssertionError', 'AttributeError', 'BaseException',
'BlockingIOError', …]
```

表8-1列出了几个常用的异常类。

表8-1 常用异常类

异常名称	描述
Exception	常规异常的基类
AttributeError	该对象无此属性
IndexError	序列中无该索引
KeyError	映射中无此键
NameError	未初始化/声明该对象
SyntaxError	Python语法错误
SyntaxWaring	对可疑语法的警告
TypeError	对类型无效的操作
ValueError	传入参数无效
ZeroDivisionError	除法或者求模运算第二个参数为0
IOError	输入/输出操作失败
LookupError	无效数据查询的基类
IndentationError	缩进错误
TabError	Tab键与空格混用

以简单的除法运算为例。除法运算需要保证除数不等于零,否则会出现错误,引发除数为0的异常 ZeroDivisionError。例如:

```
>>> 2/0
Traceback (most recent call last):
    File "<pyshell#0>", line 1, in <module>
        2/0
ZeroDivisionError: division by zero
```

对象在使用之前需要提前初始化,否则会引发 NameError 异常。例如:

```
>>> a/2
Traceback (most recent call last):
    File "<pyshell#2>", line 1, in <module>
        a/2
NameError: name 'a' is not defined
```

8.2.2 用户自定义异常

尽管 Python 定义的异常很丰富,但是针对不同的任务,仅使用这些自带的异常类往往不能满足用户需求。因此,有时需要用户自行定义异常类。

如何定义用户自己的异常类?异常应该直接或者间接地从 Exception 类继承。通过创建新的异常类,用户可以自行命名自己的异常。自定义异常类的基本格式如下:

```
Class user_defined(Exception):
pass
```

其中,user_defined 是用户自定义异常类的名称,pass 是定义异常的核心模块,可扩展性强,用户可以根据需求自行定义。

例 8-1 检测输入的用户密码长度是否大于指定长度,否则引发用户自定义异常。

```
# code8_1
class strlongError(Exception):
    def __init__(self,leng):
        self.leng=leng;
    def __str__(self):
        print("密码长度"+str(self.leng)+",超过了20！")
def password_Test():
    password=input("请输入长度小于20的密码：")
    if len(password)>20:
        raise strlongError(len(password))
    else:
        print(password)
password_Test()
```

用户输入 sdefrgthyjukiloaqswdefrgthy，程序运行结果如下：

```
请输入长度小于20的密码：sdefrgthyjukiloaqswdefrgthy
Traceback (most recent call last):
    File "D:/Python 教程/code_8/code8_1.py", line 25, in <module>
        password_Test()
    File "D:/Python 教程/code_8/code8_1.py", line 21, in password_Test
        raise strlongError(len(password))
密码长度27,超过了20！
strlongError: <unprintable strlongError object>
```

根据用户的输入，程序捕获 strlongError 异常，并输出信息"密码长度27,超过了20！"。此外，程序中出现的 raise strlongError 表示抛出 strlongError 异常。8.3.5 节会详细介绍 raise 的用法。

8.3 Python 中的异常处理

在程序运行时，如果检测到程序错误，Python 就会引发异常。如果程序出错引发异常，将停止程序，并输出错误信息。

例 8-2 实现除法运算的简单程序。

```
# code8_2
num1=int(input('enter the first number:'))
num2=int(input('enter the second number:'))
print(num1/num2)
```

除法运算中，如果除数为零，则会引发 Python 内置的异常 ZeroDivisionError。例如，用户输入"2"与"0"，程序运行结果如下：

```
enter the first number:2
enter the second number:0
Traceback (most recent call last):
    File "D:\Python 教程\code_8\code8_2.py", line 3, in <module>
        print(num1/num2)
ZeroDivisionError: division by zero
```

此外，输入数据格式不正确也会引发异常。例如，用户输入"2"与"hello"，程序运行结果如下：

```
enter the first number:2
enter the second number:hello
Traceback (most recent call last):
    File "D:\Python 教程\code_8\code8_2.py", line 2, in <module>
        num2=int(input('enter the second number:'))
ValueError: invalid literal for int() with base 10: 'hello'
```

由于输入了 int() 函数不支持的字符串参数 "hello"，引发了 ValueError 异常。

如果不想由于异常而停止程序，需要编写 try 语句捕获可能存在的异常并从异常中恢复。这样，当运行时检查到程序错误时，Python 会启动 try 处理器，而程序在 try 之后会继续执行。接下来，通过除法运算实例介绍几种捕获异常的方法：try...except 语句、except 捕获多个异常、try...except...else 语句、try...finally 语句以及 raise 语句等。由于 with 语句处理文件异常在 7.2 节已经介绍，此处不再赘述。

8.3.1　try...except 语句

异常是可以捕获的，这个功能可以通过 try...except 语句实现。通常被检测的语句块放到 try 块，而异常处理部分放到 except 块。

例 8-3　用 try...except 语句捕获除法操作中引发的 ZeroDivisionError 异常。

```
# code8_3
try:
    num1=int(input('enter the first number:'))
    num2=int(input('enter the second number:'))
    print(num1/num2)
except ZeroDivisionError:
    print('the second number can not be zero!')
```

用户输入"2"与"0"，程序运行结果如下：

```
enter the first number:2
enter the second number:0
the second number can not be zero!
```

例 8-4　用 try...except 捕获除法操作中引发的 ValueError 异常。

```
# code8_4
try:
    num1=int(input('enter the first number:'))
    num2=int(input('enter the second number:'))
    print(num1/num2)
except ValueError:
    print('please input a digit!')
```

用户输入"2"与"hello"，程序运行结果如下：

```
enter the first number:2
enter the second number:hello
please input a digit!
```

8.3.2　except捕获多个异常

如果一段程序存在多个异常，可以使用多个 except 语句捕获不同类型的异常。

例 8-5 用两个 except 语句分别捕获除法运算中的 ZeroDivisionError 异常和 ValueError 异常。

```
# code8_5
try:
    num1=int(input('enter the first number:'))
    num2=int(input('enter the second number:'))
    print(num1/num2)
except ValueError:
    print('please input a digit!')
except ZeroDivisionError:
    print('the second number cannot be zero!')
```

为了方便书写,也可以进一步简化,使用一个 except 语句同时捕获多种类型的异常。

例 8-6 一个 except 语句同时捕获多个异常。

```
# code8_6
try:
    num1=int(input('enter the first number:'))
    num2=int(input('enter the second number:'))
    print(num1/num2)
except(ValueError, ZeroDivisionError):
    print('input error!')
```

用户输入"2"与"0",程序运行结果如下:

```
enter the first number:2
enter the second number:0
input error!
```

由此可以看出,一个 except 语句不能具体指明出现了哪种异常。为了清晰地指明出现的错误类型并给出相应的提示信息,可以在 except 语句后面加 as 子句进一步处理。

例 8-7 except...as 语句捕获多个异常,同时给出提示信息。

```
# code8_7
try:
    num1=int(input('enter the first number:'))
    num2=int(input('enter the second number:'))
    print(num1/num2)
except Exception as err:
    print(err)
    print('something is wrong!')
```

用户输入"2"与"0",程序运行结果如下:

```
enter the first number:2
enter the second number:0
division by zero
something is wrong!
```

except 后面使用的 Exception 是异常的基类名,包含了大部分常规异常。因此,不需要具体写出异常类名就可以给出相应的提示信息。

8.3.3 try...except...else 语句

与 if...else 语句一样，try...except 后面也可以跟一个 else 子句。如果没有异常发生，则执行 else 子句。

例 8-8 使用 try...except...else 语句捕获除法运算语句中可能存在的异常。

```
# code8_8
try:
    num1=int(input('enter the first number:'))
    num2=int(input('enter the second number:'))
    print(num1/num2)
except Exception as err:
    print(err)
    print('something is wrong!')
else:
    print('you are right!')
```

用户输入"2"与"4"，程序运行结果如下：

```
enter the first number:2
enter the second number:4
0.5
you are right!
```

因为输入正确，没有引发异常，所以程序运行了 else 子句。

8.3.4 try...finally 语句

try...except...else 在不触发异常时输出 except 语句，而如果不论程序是否出现异常，一些语句都必须输出，则可以在 try 语句后面添加 finally 子句。

例 8-9 使用 try...finally 语句捕获除法运算语句中可能存在的异常。

```
# code8_9
try:
    num1=int(input('enter the first number:'))
    num2=int(input('enter the second number:'))
    print(num1/num2)
except Exception as err:
    print(err)
    print('something is wrong!')
else:
    print('you are right!')
finally:
    print('the end!')
```

① 如果用户分别输入"2"和"4"，程序运行结果如下：

```
enter the first number:2
enter the second number:4
0.5
you are right!
the end!
```

② 如果用户分别输入 "2" 和 "a"，程序运行结果如下：

```
enter the first number:2
enter the second number:a
invalid literal for int() with base 10: 'a'
something is wrong!
the end!
```

如果没有发生异常，先执行完 try 语句后输出除法运算结果，然后执行 else 子句，最后执行 finally 子句。如果 try 语句捕获到异常，先执行 except 语句并输出对应的错误提示，再执行 finally 子句。分析上述两种不同的输入和相应的运行结果发现，不论是否出现异常，均要执行 finally 子句。所以，在实验中如果有必须执行的语句，可以放到 finally 模块中。例如，删除某变量。

8.3.5 raise 语句捕获异常

上面内容中，触发系统抛出异常的条件是程序出现错误。而用户也可以自定义触发异常的条件或者在任意时刻运用 raise 语句抛出异常。例如：

```
>>> raise NameError('sorry, error occurs')
Traceback (most recent call last):
    File "<pyshell#0>", line 1, in <module>
        raise NameError('sorry, error occurs')
NameError: sorry,error occurs
```

这里 raise NameError 引发了异常，并为异常添加错误信息 "sorry, error occurs"。而且，用户也可以利用 try...except 语句捕获 raise 抛出的异常。例如：

例 8-10 当除法运算除数为 0 时，捕获 raise 语句抛出的异常。

```
# code8_10
try:
    num1=int(input('enter the first number:'))
    num2=int(input('enter the second number:'))
    if num2==0:
        raise ZeroDivisionError
except ZeroDivisionError:
    print('caught the ZeroDivisionError, the second number cannot be zero ')
```

用户输入 "1" 和 "0"，程序运行结果如下：

```
enter the first number:1
enter the second number:0
caught the ZeroDivisionError, the second number cannot be zero
```

8.4 使用 IDLE 调试程序

程序实现过程中会出现各种 bug，可能是语法方面的，也可能是逻辑方面的。出现语法错误时，程序会停止运算，同时 Python 解释器会给出错误提示，因而，语法错误容易检测到。然而，逻辑错误不影响程序运行，只是最终的运行结果与预期结果不一致，因此，逻辑错误不容易发现。那么，如果出现逻辑错误，该如何检测？

一般地，当出现逻辑错误时，可以对程序进行单步调试，即通过观察程序的运行过程以及运行过程中变量(局部变量和全局变量)值的变化,可以快速找到引起运行结果异常的根本原因,从而解决逻辑错误。

掌握一定的程序调试方法,是每一名合格程序员的必备技能。多数的集成开发工具都提供了程序调试功能,本节以经典的冒泡排序算法为例,展示如何使用 IDLE 调试 Python 程序。

例 8-11 冒泡法实现排序。

```
# code8_11
def bubble_sort(nums):
    n = len(nums)
    for i in range(n-1):
        for j in range(0, n-i-1):
            if nums[j]>nums[j+1]:
                nums[j], nums[j+1] = nums[j+1], nums[j]
    return nums
a=[1,9,2,6,8,4]
print(bubble_sort(a))
```

首先需要保证程序没有语法错误,然后使用 IDLE 调试程序。基本步骤如下:

① 打开 Python Shell 界面,在菜单中选择 Debug → Debugger 命令,打开 Debug Control 窗口,同时 Python Shell 窗口的命令行会显示"[DEBUG ON]",表示已经处于调试状态,如图 8-1 所示。

② 打开 Python Shell 窗口,选择 File → Open 命令,打开要调试的程序文件 code8_11.py,并向程序中的代码添加断点。右击想要添加断点的代码行,在弹出的快捷菜单中选择 Set Breakpoint 命令。此时,添加了断点的代码行会出现黄色底纹。如果想要取消断点,右击代码行,在弹出的快捷菜单中选择 Clear Breakpoint 命令,如图 8-2 所示。

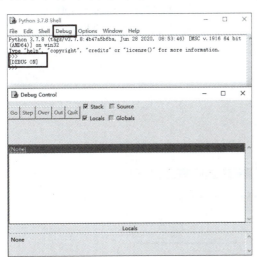
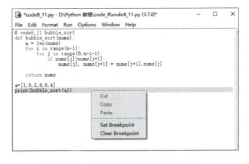

图8-1　处于调试状态的Python Shell　　　　图8-2　给程序添加或取消断点

③ 添加完断点之后,在打开的程序文件菜单栏中选择 Run → Run Module 命令运行程序,这时 Debug Control 对话框中将显示程序的运行信息。调试查看的内容包括局部变量(Locals)和全局变量(Globals),Debug Control 默认只显示局部变量,如果需要查看全局变量,必须勾选 Globals 复选框,如图 8-3 所示。

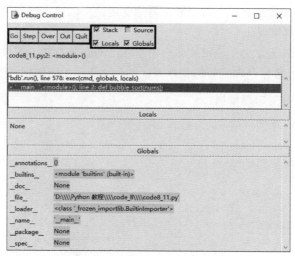

图8-3 显示程序运行的过程

窗口顶端 5 个用于调试的按钮的作用分别如下：
- Go 按钮：直接运行至下一个断点处；
- Step 按钮：用于进入要执行的函数；
- Over 按钮：单步执行；
- Out 按钮：跳出当前运行的函数；
- Quit 按钮：结束调试。

通过使用这 5 个按钮，可以查看程序运行过程中各个变量值的变化。

添加断点可以实现暂停作用，当代码运行到断点处会暂时停止运行。程序员可以根据逻辑判断当前变量输出值是否与逻辑值一致，如图 8-4 所示。此时程序运行到 i=0，j=1，由于 9>2，需要调整顺序，观察发现逻辑分析与实际过程一致，表明该语句未出现异常。根据需要，可以撤销断点，程序还可以继续运行。如果出现不一致的情况，则找到了逻辑错误的原因并进行纠正。

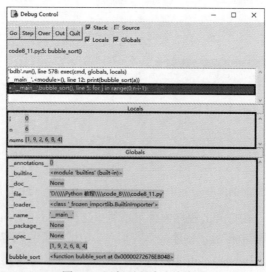

图8-4 运行过程中查询变量

程序调试完毕后，可以关闭 Debug Control 窗口，此时在 Python Shell 窗口中将显示"[DEBUG OFF]"，表示已经结束调试。

小　　结

本章主要介绍异常处理的基础知识与程序调试方法，包括异常处理的基本概念、Python 自带的异常类和自定义异常类、Python 中的异常处理、IDLE 方式调试程序，主要内容如下：

异常类：Python 库中有很多异常类，用户也可以根据需要自定义异常。

try...except 语句：被检测语句放在 try 块，异常处理语句放在 except 块。如果未发生异常，则不用执行 except 块。此外，还可以用 except 块同时捕捉多个异常。

try...except...else 语句：如果出现异常则执行 except 语句，否则执行 else 语句。

try...finally 语句：不论程序是否出错，某些语句一定要被执行，可以将该语句放到 finally 块中。

raise 语句：Python 解释器遇到错误可以自行引发异常，用户也可以使用 raise 语句自行触发异常。

习　　题

1. 从键盘读入小写字母 a，输出大写字母 A。若输入非 a，则抛出异常。
2. 从键盘读入小写字母 a，输出大写字母 A。异常处理用 try...except 语句实现。
3. 判断年份是否为闰年，并用 try...except...else 语句捕捉异常。
4. 判断某数是否为素数，要求每次判断后清除该数。用 try...finally 语句。
5. 为保证减法运算（a – b）输出结果大于 0，使用多个 except 子句捕获输入数据不合法以及 b > a 的异常。
6. 定义一个函数 func(listinfo)，其中 listinfo = [133, 88, 24, 33, 232, 44, 11, 44]，返回列表小于 100，且为偶数的数。用 try...except...else 语句捕获异常。
7. 编写程序，让用户输入出生年月日，如果输入非整数数字类型，引发异常并反馈错误信息。

第 9 章　科学计算与可视化

科学计算与可视化方法将数据转换为便于直观观察的图形，其广泛应用于医学诊断、气象预报、地质勘探等领域。Python 有很多强大的第三方库，可以用于科学计算与可视化。本章以科学生态系统 SciPy 为例，介绍 Python 语言中的常见工具包，包括 NumPy、Pandas、SciPy library、Matplotlib、Statistics 等。本章的学习可以为后期科研和项目开发奠定基础。

9.1　概　　述

SciPy 是一个用于数学、科学、工程领域的常用软件包，可以处理最优化、线性代数、积分、插值、拟合、特殊函数、快速傅里叶变换、信号处理、图像处理、常微分方程求解器等问题，该工具包由一些特定功能的子模块构成。其最重要的核心包有 NumPy、Pandas、Matplotlib 等。如果想要了解更多 Scipy 的内容，请参见其官网。

① NumPy 是 Python 中做科学计算的基础包，主要用于处理多维数组、大型矩阵等。该工具包以 C 语言为基础开发，运行要比 Python 更加高效。

② SciPy library 是基于 NumPy 构建的 Python 模块，该模块增加了操作数据和可视化数据的能力。

③ Matplotlib 是 Python 的 2D 绘图库，可以生成曲线图、散点图、直方图、饼图、条形图等。

④ Pandas 是基于 NumPy 的一种工具，该库有很多标准的数据模型，提供了高效处理数据集的工具。

⑤ Statistics 是 Python 的数据统计基本库，可以执行许多简单操作。

9.2　NumPy 简单应用

NumPy 是一个功能强大的 Python 库，允许更高级的数据操作和数学计算，这类操作可广泛用于以下任务：

① 机器学习模型：在编写机器学习算法时，需要对矩阵进行各种数值计算，例如，矩阵乘法、换位、加法等。NumPy 数组能够用于存储训练数据和机器学习模型的参数，而且代码简单、计算效率高。

② 图像处理和计算机图形学：如果将计算机中的图像表示为多维数组，NumPy 是最自然的选择。实际上，NumPy 提供了一些优秀的库函数来快速处理图像，例如，镜像图像、按特定

角度旋转图像等。

③ 数学任务：NumPy 对于执行各种数学任务非常有用，如数值积分、微分、内插、外推等。因此，当涉及数学任务时，NumPy 是基于 Python 的 MATLAB 的快速替代。

9.2.1 创建多维数组

NumPy 可以高效处理矢量、矩阵、线性代数等数学运算。使用 NumPy 之前需要导入 NumPy 包。

```
>>> import numpy as np
```

多维数组 ndarray（n-dimensional array）是类型大小相同的多维容器，其最直接的创建方式是利用 NumPy 包中的 array() 函数指定，从而创建任意维度的数组。例如：

```
>>> a=np.array([1,2,3,4,5])              # 创建一维数组
>>> a
array([1, 2, 3, 4, 5])
>>> b=np.array([(1,2,3,4,5),(6,7,8,9,10)])   # 创建二维数组
>>> b
array([[ 1,  2,  3,  4,  5],
       [ 6,  7,  8,  9, 10]])
```

除了利用 array() 函数直接创建外，还可以使用其他函数创建，见表 9-1。

表 9-1 创建 ndarray 的常用函数

函数关键字	作用
array	创建数组
zeros	创建全0数据
ones	创建全1数据
empty	创建随机数组，数据接近为0
eye	创建单位矩阵
identity	创建方阵
linspace	创建线段
arrange	创建指定范围数据
full	创建常数数组
random	创建随机数据的序列
zeros_like	创建与给定数组相同维度和数据类型的全0数组
ones_like	创建与给定数组相同维度和数据类型的全1数组

可以分别使用 zeros()、empty()、ones()、arrange()、random()、zeros_like()、ones_like() 函数创建数组。例如：

```
>>> np.zeros((2,3))
array([[0., 0., 0.],
       [0., 0., 0.]])
>>> np.empty((2,2))
array([[5.e-324, 4.e-323],
       [4.e-323, 4.e-323]])
>>> np.ones((3,2))
```

```
array([[1., 1.],
       [1., 1.],
       [1., 1.]])
>>> np.arange(3)
array([0, 1, 2])
>>> np.random.random((2,2))
array([[0.68889144, 0.31326091],
       [0.60131987, 0.18024092]])
>>> a=np.array([1,2,3,4,5])
>>> np.zeros_like(a)
array([0, 0, 0, 0, 0])
>>> np.ones_like(a)
array([1, 1, 1, 1, 1])
```

由此可以看出，zeros()、empty()、ones()、arrange()、random() 函数均可根据需要自行设定维度，而 zeros_like()、ones_like() 函数可以生成与指定数组同等大小的数组。

9.2.2 ndarray 数组维度变化和类型变化

ndarray 的属性主要包括：维度（ndim）、行数和列数（shape）、元素个数（size）、元素类型（dtype）4 个。例如：

```
>>> a=np.array([[1,2,3],[4,5,6]])
>>> print('dim:', a.ndim)
dim: 2
>>> print('shape:', a.shape)
shape: (2, 3)
>>> print('size:', a.size)
size: 6
>>> print('dtype:', a.dtype)
dtype: int32
```

reshape()、resize()、flatten() 函数可以改变数组的维度，但是维度改变之后对原数组的影响却各有不同。

① reshape(shape) 函数不改变数组元素，改变数据维度的同时，返回新维度的数组。

```
>>> print(a)
[[1 2 3]
 [4 5 6]]
>>> b=a.reshape((3,2))
>>> print(b)
[[1 2]
 [3 4]
 [5 6]]
```

② resize(shape) 函数改变原数组，无返回值。

```
>>> c=a.resize((3,2))
>>> print(c)
None
>>> print(a)
[[1 2]
 [3 4]
```

```
 [5 6]]
```

③ flatten() 函数将数组降为一维,不改变原数组。

```
>>> print(a)
[[1 2 3]
 [4 5 6]]
>>> b=a.flatten()
>>> print(b)
[1 2 3 4 5 6]
```

数据的类型有：整型（int32、int64）、浮点型（float64）、复数（complex128）、布尔类型（bool），可以通过 dtype 属性查询得到。例如：

```
>>> b=np.array([1,2])
>>> print(b.dtype)
int32
>>> b=np.array([1.0,2.0])
>>> print(b.dtype)
float64
>>> b=np.array([1,2],dtype=np.int64)
>>> print(b.dtype)
int64
>>> b=np.array([1+1j,2+2j,3+3j])
>>> print(b.dtype)
complex128
>>> b=np.array([True,False,True])
>>> print(b.dtype)
Bool
```

9.2.3 ndarray 操作与运算

1. ndarray 操作

数组元素的存取方式和 Python 的标准方法相同，可以采用下标方式存取数据。例如：

```
>>> a=np.arange(8)
>>> a
array([0, 1, 2, 3, 4, 5, 6, 7])
>>> a[4]
4
>>> a[2:5]
array([2, 3, 4])
>>> a[:-1]
array([0, 1, 2, 3, 4, 5, 6])
>>> a[3:5]=103, 104
>>> a
array([ 0, 1, 2, 103, 104, 5, 6, 7])
```

值得注意的是，与 Python 列表序列不同，用下标范围获取的新数组是原始数组的一个视图，该视图与原始数据共享同一块数据空间。因而，修改下标得到的视图信息，将影响原数组。 例如：

```
>>> a=np.arange(8)
```

```
>>> b=a[3:6]
>>> print(b)
[3 4 5]
>>> b[2]=105
>>> b
array([ 3, 4, 105])
>>> a
array([ 0, 1, 2, 3, 4, 105, 6, 7])
```

由此可以看出,改变了下标范围获取的新数组 b,原数组信息也发生改变,从而验证了新数组和原数组共享同一块空间。

除了使用下标方式存取元素,NumPy 还提供了两种更加高级的元素存取方法,即整数序列和布尔数组读取数据。

当使用整数序列对数组元素进行存取时,将整数序列中的每个元素作为下标,整数序列可以是列表或者数组。用整数序列作为下标获得的数组不与原始数组共享数据空间。例如:

```
>>> a=np.arange(8)
>>> b=a[np.array([3,-1,3,6])]
>>> print(b)
[3 7 3 6]
>>> b[2]=102
>>> print(b)
[3 7 102 6]
>>> print(a)
[0 1 2 3 4 5 6 7]
```

由于不共享空间,b 数组元素发生变换并不会影响 a 数组内的元素。

当使用布尔数组 b 作为下标存取数组 a 中的元素时,将存取数组 a 在布尔数组 b 中对应下标为 True 的元素。使用布尔数组作为下标获得的数组不和原始数组共享数据空间。例如:

```
>>> a=np.arange(1,10, 2)
>>> a
array([1, 3, 5, 7, 9])
>>> a[np.array([True, False, True, False, False])]
array([1, 5])
>>> a[[True, False, True, False, False]]
array([1, 5])
>>> b=[True, False, True, False, False]
>>> a[b]
array([1, 5])
>>> a[np.array([True, False, True, True,False])]=-1,-2,-3
>>> print(a)
[-1 3 -2 -3 9]
```

2. ndarray 运算

基本的运算方式有加、减、乘、除等,而这些运算方式也可以在数组中实现。

① 数组与标量的运算。例如:

```
>>> a=np.arange(1,6)
>>> a
array([1, 2, 3, 4, 5])
```

```
>>> a+1
array([2, 3, 4, 5, 6])
>>> a-1
array([0, 1, 2, 3, 4])
>>> a*2
array([ 2,  4,  6,  8, 10])
>>> a/2
array([0.5, 1. , 1.5, 2. , 2.5])
```

通过上面的运算可以看出,ndarray与常数运算时,相当于分别与每一位元素运算。
② 数组与数组之间的运算。例如:

```
>>> a=np.array([(1,2,3),(1,2,3)])
>>> b=np.array([(1,1,1),(2,2,2)])
>>> print(a+b)
[[2 3 4]
 [3 4 5]]
>>> print(a-b)
[[ 0  1  2]
 [-1  0  1]]
>>> print(a*b)
[[1 2 3]
 [2 4 6]]
>>> print(a/b)
[[1.  2.  3. ]
 [0.5 1.  1.5]]
```

通过上述运算,可以看出,加、减、乘、除基本运算是对数组元素的对应位置分别进行运算。而如果要实现矩阵运算,需要使用数组的相关函数实现。例如,dot() 函数可实现矩阵相乘:

```
>>> a=np.array([(1,2,3),(4,5,6)])
>>> b=np.array([(1,2),(3,4),(5,6)])
>>> np.dot(a,b)
array([[22, 28],
       [49, 64]])
```

值得注意的是,矩阵相乘的过程中,第一个矩阵的第二个维度必须等于第二个矩阵的第一个维度。
③ 对数组的各种统计函数。例如:

```
a=np.array([(1,2,3),(4,5,6)])
>>> a.min()
1
>>> a.max()
6
>>> a.sum()
21
>>> a.sum(axis=0)              # 按照第0维度,计算数组a的数据和
array([5, 7, 9])
>>> a.sum(axis=1)              # 按照第1维度,计算数组a的数据和
array([ 6, 15])
>>> a.mean()                   # 数组a的均值
3.5
```

```
>>> a.std()                              # 数组 a 的方差
1.707825127659933
>>> a.T                                  # 数组 a 的转置
array([[1, 4],
       [2, 5],
       [3, 6]])
```

例 9-1 执行加法程序，输出结果。

```
import numpy as np
x = np.array([1, 2, 3])
y = np.array([[1, 0, 0], [0, 1, 0], [0, 0, 1]])
z = x+y
print(z[1, 1])
```

输出结果为：

```
3
```

例 9-2 执行加法程序，输出结果。

```
import numpy as np
m1 = np.array([[1]*3])
m2 = np.array([[1, 2, 3], [4, 5, 6]])
print(m1+m2)
```

输出结果为：

```
[[2 3 4]
 [5 6 7]]
```

通过例 9-1 和例 9-2 可知，在进行加法操作时，NumPy 具有广播的性质。根据矩阵大小的不同，可以通过行广播、列广播等方式将不同维度的 NumPy 序列相加。

9.2.4 ufunc 运算

ufunc 是 universal function 的缩写，它是一种能对数组的每个元素进行操作的函数。NumPy 内置了许多 ufunc 函数，而大部分都是在 C 语言级别实现的，因此它们的计算速度非常快。

例 9-3 ufunc 运算与 math 方法运行时间的性能对比。

```
# code9_1
import numpy as np
import math
import time

# 起点为 0，终点为 5000，步长为 0.1，产生 [0 ~ 5000] 之间的数据
x1=np.arange(0,5000,0.1)
t1=time.time()                           # 计时开始
for i,j in enumerate(x1):
    x1[i]=math.pow((math.tan(j)),2)      # 用 math 的 pow() 函数计算 x1 正切值平方
# 两次调用 time.time() 函数的差值即为程序运行的 CPU 时间
t2=time.time()

x2=np.arange(0,5000,0.1)                 # x2 与 x1 完全相等
```

```
t3=time.clock()
x2=np.power(np.tan(x2),2)            # 用 numpy 的 power() 函数计算 x2 正切值平方
t4=time.clock()
# 输出不同方法的运行时长
print("running time of math",t2-t1)
print("running time of numpy",t4-t3)
```

程序运行结果如下：

```
running time of math 0.06141532800000005
running time of numpy 0.026060043000000088
```

通过上述实验，证明了 NumPy 的内置函数比 math 函数运行速度快。这里列出了常用计算方法对应的 ufunc 函数，见表 9-2。

表 9-2　数组运算符以及对应的 ufunc 函数

表 达 式	对应的 ufunc 函数
c=a+b	add(a,b)
c=a−b	subtract(a,b)
c=a*b	multiply(a,b)
c=a/b	divide(a,b)
c=a//b	floor_divide(a,b)
b=−a	negative(a,b)
c=a**b	power(a,b)
c=a%b	remainder(a,b), mod(a,b)

当两个数组维度一致时，与运算符一样，使用 ufunc 函数进行加减运算。例如：

```
>>> a=np.arange(1,11)
>>> b=np.arange(2,12)
>>> c=np.add(a,b)
>>> print(c)
[ 3  5  7  9 11 13 15 17 19 21]
>>> np.negative(a,b)
array([ -1,  -2,  -3,  -4,  -5,  -6,  -7,  -8,  -9, -10])
```

当维度不同的数组之间进行矢量运算时，可通过广播方式使得较小的数组扩展到较大数组的大小，最终不同大小数组的维度一致，再进行计算。例如：

```
>>> a=np.array([1,2,3])
>>> b=np.array([(1,2,3),(4,5,6)])
>>> np.add(a,b)
array([[2, 4, 6],
       [5, 7, 9]])
>>> np.subtract(a,b)
array([[ 0,  0,  0],
       [-3, -3, -3]])
>>> np.multiply(a,b)
array([[ 1,  4,  9],
       [ 4, 10, 18]])
>>> np.divide(a,b)
array([[1. , 1. , 1. ],
```

```
                    [0.25, 0.4 , 0.5 ]])
```

由此可以看出，不同维度数组计算时自动将小数组通过复制扩展为大数组。例如，数组 a 与数组 b 运算时，将数组 a 扩展为 b 维度 (2,3) 的大小，此时数组 a 变为：array([[1, 2, 3], [1, 2, 3]])。

9.2.5 文件存取

数据存取在实际应用中十分常见，Python 中也定义了很多数据存储的方式，这里以 .npy 文件格式为例，使用 save() 和 load() 函数进行存取。例如：

```
>>> a.reshape(3,4)
array([[ 0,  1,  2,  3],
       [ 4,  5,  6,  7],
       [ 8,  9, 10, 11]])
>>> np.save("a.npy", a)
>>> b=np.load("a.npy")
>>> b
array([ 0,  1,  2,  3,  4,  5,  6,  7,  8,  9, 10, 11])
```

如果想让多个数组同时存储到一个文件，可以使用 numpy.savez 函数，其格式为：

```
np.savez("文件名.npz", 数组名1, 数组名2, …)
```

savez() 函数的第一个参数是文件名，其后的参数都是需要保存的数组，也可以使用关键字参数为数组重新命名，非关键字参数传递的数组会自动命名为 arr_0、arr_1 等。savez() 函数输出的是一个压缩文件（扩展名为 .npz），每个文件都是一个 save() 函数保存的 .npy 文件，文件名对应于数组名。

例 9-4 将多个数组存储为 .npy 格式文件。

```
import numpy as np
a=np.array([(1,2,3),(4,5,6)])
b=np.arange(1,11,1)
c=np.cos(b)                    # 计算 cos(b) 的结果
np.savez("data.npz",a,b,c)     # 保存 a,b,c 多个数组为 data.npz
r=np.load("data.npz")
print(r["arr_0"])
print(r["arr_1"])
print(r["arr_2"])
```

输出结果为：

```
[[1 2 3]
 [4 5 6]]
[ 1  2  3  4  5  6  7  8  9 10]
[ 0.54030231 -0.41614684 -0.9899925  -0.65364362  0.28366219  0.96017029
 0.75390225 -0.14550003 -0.91113026 -0.83907153]
```

由例 9-4 可以看出，load() 函数可自动识别 .npz 文件，并且返回一个类似于字典的对象，可以通过数组名作为关键字获取数组的内容。

除了使用默认的关键参数 (arr_0, arr_1, ...)，也可以在存储时重新更改索引名称。

例 9-5 重新更改索引名称。

```
import numpy as np
```

```
np.savez("data.npz",a,b,cos_c=c)
r=np.load("data.npz")
print(r["cos_c"])
```

输出结果为：

```
[ 0.54030231 -0.41614684 -0.9899925  -0.65364362  0.28366219  0.96017029
  0.75390225 -0.14550003 -0.91113026 -0.83907153]
```

数组除了可以保存为 .npy 格式文件，也可以保存为 .txt 格式文件。利用 loadtxt() 函数加载数据，一般地，加载的数据默认是 float 数据。如果想得到其他格式的数据，如 int 类型，需要在 dtype 处指明。

例 9-6 数组保存为 .txt 格式文件。

```
import numpy as np
a=np.arange(1,11,1).reshape(2,5)
np.savetxt("a.txt",a)

data1 = np.loadtxt("a.txt")
data2 = np.loadtxt("a.txt",dtype=np.int)
print(data1)
print(data2)
```

输出结果为：

```
[[ 1.  2.  3.  4.  5.]
 [ 6.  7.  8.  9. 10.]]
[[ 1  2  3  4  5]
 [ 6  7  8  9 10]]
```

9.3 SciPy library 简单应用

Scipy 在 NumPy 基础上增加了很多数学和工程上的计算，如拟合、积分、常微分方程求解、插值等。Python SciPy 生态系统中提供的数据结构包含了 ndarray、Series、DataFrame 等。本节以几个实例为基础介绍 Scipy library 的简单应用。

9.3.1 最小二乘拟合

最小二乘法是一种数学优化方法，是解决曲线拟合最常用的方法之一。该方法通过最小化平方误差的方式找到已知数据的最佳匹配函数。SciPy library 库中含有可以求解最小二乘拟合的 leastsq() 函数。

leastsq() 函数的一般形式如下：

```
leastsq(func, x0, args=())
```

leastsq() 函数有很多参数，一般只使用前三个即可。关于参数，func 表示误差函数，x0 表示函数参数，args() 表示数据点。

例 9-7 某科研院记录了南京 9 月 1 日至 24 日上午 10:00 的温度，见表 9-3。利用 leastsq() 函数对这 24 天的天气状况进行拟合。

表9-3　南京9月1日至24日温度数据

日期	1	2	3	4	5	6	7	8	9	10	11	12
温度	15°	14°	14°	14°	14°	15°	16°	18°	20°	22°	23°	25°
日期	13	14	15	16	17	18	19	20	21	22	23	24
温度	28°	31°	32°	31°	29°	27°	25°	24°	22°	20°	18°	17°

```
# code9_2
import matplotlib.pyplot as plt
import numpy as np
from pylab import *                    # 导入pylab模块的每个类
from scipy.optimize import leastsq     # 加载最小二乘拟合函数
# 多项式函数
def fit_func(p, x):
    f = np.poly1d(p)                   # poly1d用于生成多项式，p表示多项式参数
    return f(x)
# 误差函数，即拟合曲线值与真实曲线值的差值
def error_func(p, y ,x):
    ret = fit_func(p, x) - y
    return ret

x=np.linspace(0,1,24)
x_point = np.linspace(0, 1, 100)
# 真实函数值
y1=[15, 14, 14, 14, 14, 15, 16, 18, 20, 22, 23, 25, 28, 31, 32, 31, 29, 27, 25, 24, 22, 20, 18, 17]
n = 24
p_init = np.random.randn(n)            # 随机初始化参数
# 利用leastsq拟合已知数据点
plsq = leastsq(error_func, p_init, args=(y1, x))
plt.plot(x_point, fit_func(plsq[0], x_point), label='fitted curve')
plt.plot(x, y1, 'bo', label='temperature')
plt.legend()
plt.show()
```

如图 9-1 所示，"temperature"是实际的温度数据，"fitted curve"是根据实际数据拟合后的曲线。从图 9-1 中可以看出，最小二乘拟合能很好地拟合数据点。

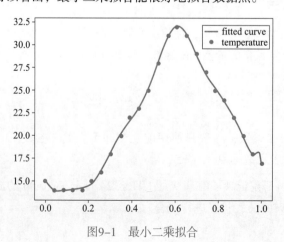

图9-1　最小二乘拟合

9.3.2 函数最小值

optimize() 函数提供了函数最小化、曲线拟合和求根等几种算法。下面以求函数最小值为例进行介绍。

例 9-8 函数 $y=x^2+10\sin(x)$，x 取值范围为 $[-20,20]$，寻找目标函数的最小值。

目标方程数据可视化程序如下：

```
import numpy as np
from pylab import *

x=np.arange(-20,20,0.1)
y=x**2+10*np.sin(x)
plt.plot(x,y)
plt.show()
```

程序运行结果如图 9-2 所示。

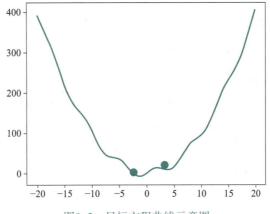

图9-2　目标方程曲线示意图

从曲线图 9-2 可以看出，函数在 –2 附近有全局最小值点，在 4.5 附近有局部最小值点。这里给定初始点开始进行梯度下降，并采用拟牛顿算法（BFGS算法）求解。因此，可以使用 fmin_bfgs() 函数，使用方式如下：

```
fmin_bfgs(f, x0, epsilon=1.4901161193847656e-08, maxiter=None)
```

各参数使用默认值。其中，f 表示待求解的最小化目标方程式；x0 表示初始化的参数；epsilon 表示步长；maxiter 表示最大迭代次数。

```
# code9_3
import numpy as np
from pylab import *
from scipy import optimize

def f(x):
    return x**2 + 10*np.sin(x)
x = np.arange(-20, 20, 0.1)
plt.plot(x, f(x))
plt.show()
optimize.fmin_bfgs(f, 0)
```

```
res=optimize.fmin_bfgs(f, 0)
print(res[0])
```

程序运行结果如下：

```
Optimization terminated successfully.
    Current function value: -7.945823
    Iterations: 5
    Function evaluations: 12
    Gradient evaluations: 6
-1.3064401160169776
```

该方法有时可能找不到全局最优解，如果想要找到更精确的最小值点，可以限定 x 的取值范围。根据图 9-2 可知，该函数的最小值在 [-5,0] 之间。因此，求解时可以约束 x 的取值范围。

```
print('********* 限定范围 *********')
xmin_local=optimize.fminbound(f, -5, 0)
print(xmin_local)
```

程序运行结果如下：

```
********* 限定范围 *********
-1.306439349869899
```

9.3.3 非线性方程组求解

fsolve() 函数可以用于对非线性方程组求解，基本调用格式如下：

```
fsolve(func, x0)
```

其中，func 表示方程组，x0 由所有自变量的初始值构成。

例如，一个方程组

$$\begin{cases} f_1(u_1,u_2,u_3)=0 \\ f_2(u_1,u_2,u_3)=0 \\ f_3(u_1,u_2,u_3)=0 \end{cases}$$

则 func 可以定义为：

```
def func(x):
    u1,u2,u3=x return [f1(u1,u2,u3),f2(u1,u2,u3), f3(u1,u2,u3)]
```

例 9-9 某汽车制造厂开发了一款新式电动汽车，计划一月内大量生产。场内有技术工和熟练工两种，由于无法全部抽调熟练工进行新式汽车的安装，该制造厂决定招聘一批新员工并配合技术工指导进行快速生产。调研部门发现 1 名熟练工和 2 名新工人每月可以安装 8 辆电动汽车，2 名熟练工和 1 名技术人员搭配每月可安装 14 辆电动汽车。在技术人员指导下新员工安装速度以对数函数（$\log_2$）进行增长，此时 1 名技术工和 5 名新工人每月可安装 10 辆电动汽车。请问一般情况下，不同工种人员的安装速度？

$$\begin{cases} x_0+2x_1-8=0 \\ 2x_0+x_2-14=0 \\ x_2+5\log_2 x_1-10=0 \end{cases}$$

```
# code9_4
from scipy.optimize import fsolve
```

```
import math
# 定义非线性方程组
def f(x):
    x0=float(x[0])
    x1=float(x[1])
    x2=float(x[2])
# 3组方程写成规定模式
    return[x0+2*x1-8,2*x0+x2-14, x2+5*math.log(x1)-10]
result =fsolve(f, [1,1,1])                    # 初始化解为 [1,1,1]
print(result)                                  # 输出不同工种结果
```

程序运行结果如下：

```
[3.83432679 2.0828366  6.33134642]
```

9.3.4 B-Spline样条曲线

SciPy library 的 interpolate 包中提供了许多对数据进行插值运算的函数，下面分别介绍使用直线和 B-Spline 进行插值。

插值与拟合不同。插值是离散函数逼近的重要方法，可通过函数在有限个点的取值情况，估计函数在其他点的近似值，而拟合要求曲线通过所有的已知数据。这里主要介绍线性插值和 B-Spline 插值。

线性插值是指插值函数为一次多项式的插值方法，在对应插值点的位置误差为零，可以近似替代原函数，是一种最简单、方便的插值方法。常用 interp1d() 函数计算。而 B-Spline 插值是一种用可变样条做出一条经过一系列点的光滑曲线的方法，每一项都由相邻的数据点决定。常用 splev() 函数计算。

具体地，interp1d() 函数用于一维插值，其调用格式为：interp1d(x, y, kind='linear')。其中，x 表示一维数据点；y 表示与 x 维度一致的 N 维数据，要求插值维度的长度需要与 x 长度相同；kind 表示不同的插值方式，有零阶（'zero'）、一阶（'slinear'; 'linear'）、二阶（'quadratic'）、三阶（'cubic'）、更高阶等方式。

splev() 函数用于评估样条的导数，其调用格式为：splev(x, tck)，其中 x 表示自变量，tck 表示运用 splrep() 函数返回的长度为 3 的参数信息，包含节点、系数、阶数。

例9-10 使用直线和 B-Spline 方法对表 9-3 中南京 24 天的温度数据进行插值。

```
# code9_5
import numpy as np
from pylab import *
from scipy import interpolate                  # 提供了很多插值的方式：一维插值、多维插值
import matplotlib.pyplot as plt
# 数据点
x=np.linspace(0,1,24)
y=[15, 14, 14, 14, 14, 15, 16, 18, 20, 22, 23, 25, 28, 31, 32, 31, 29, 27, 25, 24, 22, 20, 18, 17]
x_new=np.linspace(0,1,30)                       # 0-1 间平均取出 50 个数据点
# 插值
f_linear = interpolate.interp1d(x, y, kind='linear')   # 选择线性方式插值
tck = interpolate.splrep(x, y)                  # 计算B-Spline 曲线的参数
y_bspline = interpolate.splev(x_new, tck)       # 计算各个取样点的插值结果
```

```
# 作图展示
plt.plot(x, y, "o",label="original data")          # 画出原始数据点并指定标签
plt.plot(x_new, f_linear(x_new), label="linear interpolation")
plt.plot(x_new, y_bspline, label="B-spline interpolation")
plt.legend()
plt.show()
```

通过 interp1d() 函数直接得到一个新的线性插值函数 f_linear()。随后，B-Spline 插值运算使用 splrep() 函数计算出 B-Spline 曲线的参数，然后将参数传递给 splev() 函数计算出各个取样点的插值结果。从图 9-3 中可以看出，采用 B-Spline 插值方式和线性插值方式都符合原始数据的特点，插值效果良好。

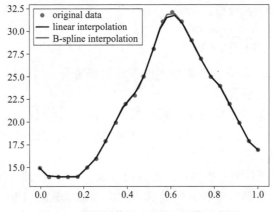

图9-3　线性插值和B-Spline插值示意图

9.3.5　数值积分

数值积分即是求曲线与坐标轴构成的图形面积和。根据积分的不同，又分为一重积分、二重积分、多重积分等。这里给出一重、二重积分示意图，如图 9-4(a) 所示。假设时间为 x 轴，时间段 $[a, b]$ 对应的速度函数为 $f(x)$，而路程等于速度与时间的乘积，即函数 $f(x)$ 在区间 (a, b) 上函数与 x 轴围成图形的面积。二重积分是一个物理量在一个二维物理量上的累计效果，如图 9-4(b) 所示，计算曲顶柱体的体积。

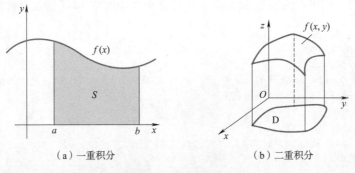

（a）一重积分　　　　　　　（b）二重积分

图9-4　数值积分

关于数值积分的求取，SciPy 提供了很多求各类积分的函数，下面介绍给定函数和积分上下限的积分求解问题。

① 已知函数和上下限，求一重积分，需要用到 Scipy 的子模块 integrate 的 quad() 函数求积分。求解一重积分，quad() 函数调用形式为：quad(f,a,b)。其中 quad() 函数第 1 个形参是函数 $f(x,y)$，第 2、3 个形参分别是上下限 a、b。

例 9-11 假设某人骑车速度符合线性函数 $f(x)=x+1$，即每经过一小时，速度就会提升 1 个单位，则在第 3 个小时与第 9 个小时之间共骑行了多少千米。即求：

$$I(f)=\int_3^9 (x+1)dx$$

```
# code9_6
from scipy import integrate
def f(x):
    return x+1
v,err=integrate.quad(f,3,9)      # 计算 f 函数在区间 [3,9] 之间的数值积分
print(v)                          # 输出积分值
print(err)                        # 输出积分误差
```

程序运行结果如下：

```
42.0
4.662936703425657e-13
```

② 已知函数和上下限，求二重积分，需要用到 dblquad() 函数计算二重积分。二重积分一般格式为：

$$I(f(x,y))=\int_a^b \int_{g(x)}^{h(x)} f(x,y)dxdy$$

dblquad() 函数的调用形式为：dblquad(f,a,b,g,h)，其中第 1 个形参是 $f(x,y)$，第 2、3、4、5 个形参分别是 a、b、$g(x)$、$h(x)$。

例 9-12 已知二重积分的上下限，使用 dblquad() 函数求二重积分函数 $\int_{-1}^{1}\int_{-1}^{x} x^2 \sin y\,dxdy$。

```
# code9_7
from math import sin
from scipy import integrate
import numpy as np
def f(x,y):
    return x*x*sin(y)
def h(x):
    return x

# f 为符合的函数，其他参数为上下限。Lambda 为匿名函数，这里 x 下限为常数 -1
v,err=integrate.dblquad(f,-1,1,lambda x:-1,h)
print(v)
print(err)
```

程序运行结果如下：

```
0.1180657166113394
6.170427848372183e-15
```

③ 已知函数和上下限，求三重积分，需要用到 tplquad() 函数计算。三重积分表达式一般为：

$$I(f(x,y))=\int_a^b \int_{g(x)}^{h(x)} \int_{q(x,y)}^{r(x,y)} f(x,y,z)dxdydz$$

tplquad() 函数调用形式为：tqlquad(f,a,b,g,h,q,r)。其中，f、g、h、q、r 均为函数。对于更高重的积分 $f(x_1,x_2,x_3,...)$ 可以使用 nquad() 函数计算。

例 9-13 已知三重积分的上下限，以及各维度之间的相关关系，使用 tplquad() 函数求解三重积分 $I(f(x,y,z)) = \int_{-1}^{1}\int_{-1}^{\sin x}\int_{0}^{1-x-y} x \, dx \, dy \, dz$。

```
# code9_8
from scipy import integrate
from math import sin
import numpy as np
f=lambda x,y,z:x
g=lambda x:-1
h=lambda x:sin(x)
q=lambda x,y:0
r=lambda x,y:1-x-y

v,err=integrate.tplquad(f,-1,1,g,h,q,r)
print(v)
print(err)
```

程序运行结果如下：

```
1.7916536654935735
4.9803877265346305e-14
```

9.4 Matplotlib 简单应用

Matplotlib 是 Python 2D 绘图领域使用最广泛的绘图工具包。用户可以简单、轻松地实现数据图形化，并且提供多样化的输出格式。本节介绍 Matplotlib 的常见用法并进行简单演示。通常使用 pyplot 包中的 plot() 函数进行绘图。

假设要绘制一个长度为 10 的随机列表数据，将其作为 y 轴，默认从 0 开始的一组值作为 x 轴，绘制方式如下：

```
>>> import numpy as np
>>> import matplotlib.pyplot as plt
>>> y=np.random.random(10)
>>> y
array([0.9573941, 0.314957  , 0.42130567, 0.02713254, 0.36714624,
       0.9974071, 0.8869917 , 0.74824459, 0.83345609, 0.437405   ])
>>> plt.plot(y)
[<matplotlib.lines.Line2D object at 0x000001C2EB755DC8>]
>>> plt.show()
```

程序运行结果如图 9-5 所示。

Matplotlib 默认横坐标是从 0 开始的一组值，默认绘制的是折线图，用户可以根据需要绘制不同的图。而且，除了 pyplot 包，Matplotlib 还提供了一个名为 pylab 的包，其中包括了许多 NumPy 和 pyplot 包中常用的函数，方便用户快速进行计算和绘图。

plt.plot() 函数的一般格式为：plt.plot(x, y, format_string, **kwargs)。具体的，参数 x 表示 X 轴数据，列表或者数组；参数 y 表示 Y 轴数据，列表或者数组；参数 format_string 用于控制曲线的格式字符串。该字符由颜色字符（如 'b' 蓝色；'g' 绿色；'r' 红色）、风格字符（如 '-' 实线；'-.' 点画线；':' 虚线）、标记字符（如 '.' 点标记；'o' 实心圈标记）组成，参数 **kwargs 表示

第二组或者更多 (x, y, format_string)，可以画更多条曲线。color 控制颜色，linestyle 控制线条风格，marker 标记风格，markerfacecolor 标记颜色，markersize 标记尺寸。

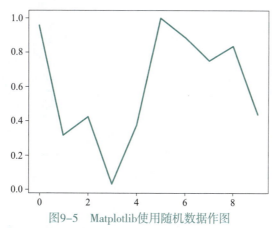

图9-5　Matplotlib使用随机数据作图

9.4.1　绘制正弦、余弦曲线

例9-14　绘制正弦 sin()、余弦 cos() 曲线。

```
# code9_9
from pylab import *
X=np.linspace(-np.pi,np.pi,256,endpoint=True)
C,S=np.cos(X),np.sin(X)
plt.plot(X,C)              # 绘制余弦曲线
plt.plot(X,S)              # 绘制正弦曲线
plt.show()
```

程序运行结果如图 9-6 所示。

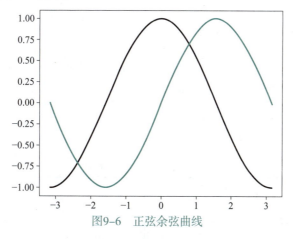

图9-6　正弦余弦曲线

这里使用的都是 Matplotlib 默认的参数配置，用户也可以根据需求自行修改。例如，修改图片大小和分辨率（dpi）、线条宽度、线条颜色、坐标轴、图注、轴标题、文字与字体属性等。

例9-15　改变图形线形、颜色、宽度，添加轴标题、图注等信息。

```
# code9_10
import numpy as np
```

```
from pylab import *
X=np.linspace(-np.pi,np.pi,256,endpoint=True)    # [-π,π]等间隔取 256 个值
S,C=np.sin(X),np.cos(X)                           # 计算sin(x),cos(x)对应的结果

plt.figure()

plot(X,S,color="blue",linewidth=3.0,linestyle="dashed")
plot(X,C,color="green",linewidth=3.0,linestyle="dotted")

xlim(-4.0,4.0)
xticks(np.linspace(-4,4,9,endpoint=True))         # 横坐标[-4,4]等间隔取 9 个值
ylim(-1,1)
yticks(np.linspace(-1,1,5,endpoint=True))         # 纵坐标[-1,1]等间隔取 5 个值

plt.title("demo")                                 # 增加图例
plt.xlabel("x axis caption")
plt.ylabel("y axis caption")
plt.show()
```

程序运行结果如图 9-7 所示。

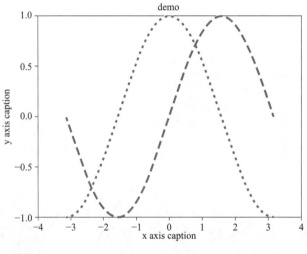

图9-7 改变属性

与多种绘图方法一样，Matplotlib 也可以根据需要在线形、颜色、注释等方面不断完善，表 9-4 和表 9-5 汇总了部分常用的线形和颜色。

表9-4 常用线形混合描述

字 符	描 述	字 符	描 述
'-'	实线样式	':'	虚线标记
'--'	短横线样式	'.'	点标记
'-.'	点线结合样式	'o'	圆标记
'*'	星形标记	'x'	X标记
'D'	菱形标记	'+'	加号标记
's'	正方形标记	…	…

表9-5 常用颜色汇总

字　符	描　述	字　符	描　述
'b'	蓝色	'g'	绿色
'r'	红色	'c'	青色
'm'	品红色	'y'	黄色
'k'	黑色	…	…

9.4.2 绘制散点图

函数 scatter(x,y,s,marker) 用于绘制散点图，其中 x, y 是相同长度的输入数据；s 是标量表示点的大小，默认值为 20；marker 为点的类型，默认值为"o"。更多的参数信息可以查阅相关资料。

例9-16 为了简单评比，以某次期中考试进行任意抽查，分别抽得各班 8 名学生成绩：202201 班：[92.65, 90.00, 97.50, 62.86, 81.49, 98.04, 73.02, 99.44]，202202 班：[69.75, 65.39, 68.97, 63.65, 93.97, 91.29, 89.94, 68.74]。使用散点图绘制其成绩分布。

```
# code9_11
import numpy as np
import matplotlib.pyplot as plt
a = np.array([[92.65, 90.00, 97.50, 69.86, 81.49, 98.04, 73.02, 99.44],[69.75, 65.39, 68.97, 63.65, 93.97, 91.29, 89.94, 68.74]])
plt.scatter(range(8), a[0])
plt.scatter(range(8), a[1])
plt.show()
```

程序运行结果如图 9-8 所示。

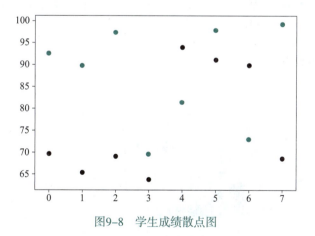

图9-8 学生成绩散点图

9.4.3 绘制饼状图和条形图

饼状图适合用于表示各类数据的占比情况，可以直观清晰地显示出各成分的比重。一般地，饼状图用到的函数是 pie()。调用格式如下：

```
pie(x, explode = None, labels = None, colors = None, autopct = None, startangle = 0)
```

以上各参数均给出了默认值，用户可以根据需要自行调整。另外，简单介绍 pie() 函数各参数的用途。x 输入的是一维数组，表示各块所占比例；explode 用于设置饼图的某块偏离中心点的距离；labels 为每块外侧添加文字说明；colors 设置颜色；autopct 用于设置每块饼图百分比的显示情况，如 '%1.1f' 表示小数点的前后位数；startangle 表示饼状图开始绘制的旋转角度，默认从 x 轴正方向逆时针画起，假如 startangle 设定为 90，则从 y 轴正方向画起。

以某用户 7 月份消费情况为例，各项支出的消费占比见表 9-6。

表9-6 某用户7月份消费情况

类　　型	占比/%
餐饮美食	3.8
服饰美容	2.3
生活日用	39.8
充值缴费	35.5
交通出行	7.2
图书教育	4.2
其他	7.2

例9-17 根据表 9-6 所记录的消费占比，绘制饼状图。

```
# code9_12
from matplotlib import pyplot as plt
plt.rcParams['font.sans-serif']=['SimHei']
labels=['餐饮美食','服饰美容','生活日用','充值缴费','交通出行','图书教育','其他']
x=[3.8,2.3,39.8,35.5,7.2,4.2,7.2]
explode=(0,0,0.1,0,0,0,0)
plt.pie(x,explode=explode,labels=labels,autopct='%1.1f%%',startangle=150)
plt.title("7月份支出饼状图")
plt.show()
```

程序运行结果如图 9-9 所示。

图9-9　某用户7月份支出饼状图

由图 9-9 可以看出，饼状图比表格更能直观地反映各部分的消费比重。

除了饼状图，条形图在数据统计分析中也十分常见。一般地，条形图用到的函数是 bar()，基本格式为：bar(x, height, width=0.8, align='center')，其中 x 表示输入的一维数组；height 和 width 分别表示柱状图中条的高度和宽度；align 的默认值是 'center'，表示 x 轴坐标与柱体中心对齐。

例 9-18 根据表 9-6 所记录的消费占比，绘制条形图。

```
#code9_13
import matplotlib.pyplot as plt
plt.rcParams['font.sans-serif']=['SimHei']

x=[0,1,2,3,4,5,6]
y=[3.8,2.3,39.8,35.5,7.2,4.2,7.2]
bar_labels = ['餐饮美食','服饰美容','生活日用','充值缴费','交通出行','图书教育','其他']

x_pos = list(range(len(bar_labels)))
plt.bar(x, y, align='center')

plt.ylabel('各项占比(%)')
plt.xticks(x_pos, bar_labels)
plt.title('7月份支出条形图')

plt.show()
```

程序运行结果如图 9-10 所示。

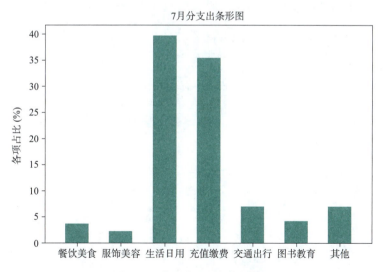

图9-10　某用户7月份支出情况

9.4.4 绘制三维图形

三维图形以立体形式呈现数据，主要用到 mplot3d，它是 Matplotlib 中专门用于绘制三维图像的工具包，可以使用两种方式导入：

```
from mpl_toolkits.mplot3d import *
```

或

```
import mpl_toolkits.mplot3d as p3d
```

作图也有两种方式，例如：

```
fig = plt.figure()
ax = p3d.Axes3D(fig)
```

或

```
fig = plt.figure()
ax = fig.add_subplot(111, projection='3d')
```

三维图需要先得到一个 Axes3D 对象 ax，然后调用函数在 ax 上作图。

绘制三维散点图需要用到 Axes3D.scatter() 函数，其基本格式为：

```
scatter(self, xs, ys, zs=0, c=None)
```

其中，xs 和 ys 以数组形式给出数据点；zs 的默认值为 0，其维度与 x、y 一样；c 表示点的颜色。

例9-19 随机生成 100 个样本数据并绘制三维散点图。

```
# code9_14
from mpl_toolkits.mplot3d import *
import matplotlib.pyplot as plt
import numpy as np
fig=plt.figure()
ax=fig.add_subplot(projection='3d')
# 随机生成100个[0,15]间的浮点数作为 Z 轴
zdata = 15 * np.random.random(100)
# sin(z) 和 [0,0.1]间噪声扰动的和作为 x 轴
xdata = np.sin(zdata) + 0.1 * np.random.randn(100)
# cos(z) 和 [0,0.1]间噪声扰动的和作为 y 轴
ydata = np.cos(zdata) + 0.1 * np.random.randn(100)
ax.scatter(xdata, ydata, zdata, c='r')    # 散点图表示
plt.show()                                 # 展示图像
```

程序运行结果如图 9-11 所示。

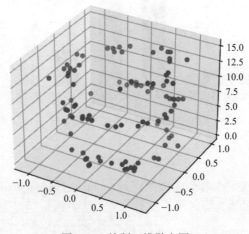

图9-11　绘制三维散点图

9.4.5 绘制三维曲线

绘制三维曲线需要用到 **Axes3D.plot3D()** 函数，其基本格式为：plot3D(self, xs, ys, zs=0, c=None)，其中，xs、ys 与 zs 以数组形式给出，三者维度一样；c 表示线的颜色。

例9-20 绘制三维曲线。

```
# code9_15
from mpl_toolkits import mplot3d
import matplotlib.pyplot as plt
import numpy as np
# 绘制三维曲线
ax=plt.axes(projection='3d')
zline=np.linspace(0,20,1000)
xline=np.sin(zline)
yline=np.cos(zline)
ax.plot3D(xline,yline,zline,'gray')

# 绘制三维数据点（与例9-19一样）
# 随机生成100个[0,15]间的浮点数作为Z轴
zdata = 15 * np.random.random(100)
# sin(z)和[0,0.1]间噪声扰动的和作为x轴
xdata = np.sin(zdata) + 0.1 * np.random.randn(100)
# cos(z)和[0,0.1]间噪声扰动的和作为y轴
ydata = np.cos(zdata) + 0.1 * np.random.randn(100)
ax.scatter(xdata, ydata, zdata,c='r')      # 散点图表示
plt.show()                                 # 展示图像
```

程序运行结果如图 9-12 所示。

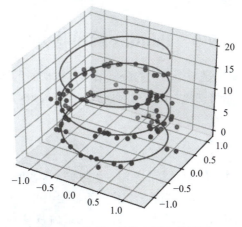

图9-12 绘制三维散点图和曲线图

例9-21 绘制三维曲面图。

```
# code9_16
from mpl_toolkits import mplot3d
import matplotlib.pyplot as plt
import numpy as np
```

```
# 定义函数：sin(√(x² + y²))
def f(x, y):
    return np.sin(np.sqrt(x ** 2 + y ** 2))
x = np.linspace(-5,5,50)              # 按照等差数列生成[-5,5]之间的 50 个数据
y = np.linspace(-5,5,50)              # 按照等差数列生成[-5,5]之间的 50 个数据
X, Y = np.meshgrid(x, y)              # 以 x,y 为坐标生成网格点坐标矩阵
Z = f(X,Y)                            # 根据定义的函数 f，得到函数对应的结果 Z
a=plt.axes(projection ='3d')          # 绘制 3D 图像
a.plot_surface(X, Y, Z, rstride=1, cstride=1, cmap='viridis')
a.set_title('surface')                # 设置图标题
plt.show()
```

程序运行结果如图 9-13 所示。

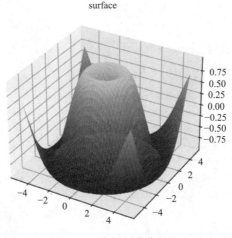

图9-13　绘制三维曲面图

9.5　Pandas 简单应用

Pandas 以 NumPy 为基础，是一个强大的分析结构化数据的工具集，可以用于数据挖掘和数据分析，同时也提供数据清洗功能。Pandas 有两大利器：Series 与 DataFrame。下面介绍这两个模块。

9.5.1　基本概念

Series 是一种类似于一维数组的对象，是由一组数据（含各种 NumPy 数据类型）以及一组与之相关的数据标签（即索引）组成。当然，仅由一组数据也可产生简单的 Series 对象。

Series 是一种有序的字典，又称变长字典，其元素由数据和索引构成。一般可以通过 Series() 函数、列表、字典等方式创建 Series。例如：

```
>>> import pandas as pd
>>> import numpy as np
>>> s=pd.Series([1,2,np.nan,'a','b',3,4,5])
>>> s
0    1
1    2
```

```
2    NaN
3    a
4    b
5    3
6    4
7    5
dtype: object
```

用值列表生成 Series 时，Pandas 默认自动生成从 0 开始的整数索引。

DataFrame 是 Pandas 中的一个表格型的数据结构，包含有一组有序的列，每列可以是不同的值类型，如数值、字符串、布尔型等。DataFrame 既有行索引也有列索引，可以看作由 Series 组成的字典。Series 对应的是一维序列，而 DataFrame 对应的是二维表结构。与 Series 一样，均含有索引序列，而 DataFrame 每一列相当于一个 Series。因此，可以将 DataFrame 简单看成共享索引的多个 Series 的集合。

创建 DataFrame 对象一般使用 Pandas 的 DataFrame() 函数，可以用列表、元组、字典创建。例如：

```
>>> data={'sno':['182202001','182202002','182202003'], 'name':['Tom', 'Andy','Ben']}
>>> data_DF=pd.DataFrame(data)
>>> data_DF
         sno  name
0  182202001   Tom
1  182202002  Andy
2  182202003   Ben
>>> data=np.array([('182202001','Tom'),('182202002','Andy'),('182202003','Ben')])
>>> data_df=pd.DataFrame(data,index=range(1,4),columns=['sno','name'])
>>> data_df
         sno  name
1  182202001   Tom
2  182202002  Andy
3  182202003   Ben
```

本例中 data_DF 使用字典创建，而 data_df 利用 ndarray 对象创建，并且可以自行指定行列索引。

9.5.2 加载 CSV 文件

数据文件的读取十分常见。Pandas 数据写入和读取数据分别使用 to_csv() 函数和 read_csv() 函数。

1. 运用 to_csv() 函数存储为 csv 格式文件

```
>>> a=pd.DataFrame(np.random.randn(8,5),columns=['a','b','c','d','e'])
>>> a
          a         b         c         d         e
0 -0.813300  0.237595 -0.460586 -1.077378 -0.789529
1 -1.076139  0.190246 -0.104509 -1.454181 -0.524291
2 -0.014367 -0.331116 -0.998198  0.902558  1.844638
3  1.731143 -0.554846 -0.147284 -0.025278  0.302242
4 -3.142510  0.328924  0.381582  0.022772  1.850582
5  0.295495 -1.425969  1.657359 -0.072937 -0.454212
```

```
6  0.692786 -2.231572 -1.660381  0.849234  1.703806
7  0.017250  1.249520 -1.724516  1.017711  0.272734
>>> a.to_csv('data.csv')
```

2. 运用 read_csv() 函数读取 csv 文件

```
>>> a = pd.read_csv('data.csv')
>>> a
Unnamed:    0         a         b         c         d         e
0           0 -0.813300  0.237595 -0.460586 -1.077378 -0.789529
1           1 -1.076139  0.190246 -0.104509 -1.454181 -0.524291
2           2 -0.014367 -0.331116 -0.998198  0.902558  1.844638
3           3  1.731143 -0.554846 -0.147284 -0.025278  0.302242
4           4 -3.142510  0.328924  0.381582  0.022772  1.850582
5           5  0.295495 -1.425969  1.657359 -0.072937 -0.454212
6           6  0.692786 -2.231572 -1.660381  0.849234  1.703806
7           7  0.017250  1.249520 -1.724516  1.017711  0.272734
```

9.5.3 查看并修改数据

Series 有索引序列，因此可以使用索引查找、修改对象。例如：

```
>>> s=pd.Series([1,2,'a','b'])
>>> s.index
RangeIndex(start=0, stop=4, step=1)
>>> s[3]
'b'
>>> s[3]=3
>>> s
0    1
1    2
2    a
3    3
```

Series 同样支持切片操作，可以使用位置索引和关键字索引两种方式。例如：

```
>>> s=pd.Series([1,3,5],index=['a','b','c'])
>>> s[1:2]
b    3
dtype: int64
>>> s['a':'b']
a    1
b    3
dtype: int64
```

由此可以看出，使用位置索引时，不包含右侧切片，而使用关键字索引时包含右侧切片。
同样地，DataFrame 也有索引，可以进行索引查找。

① 查看 DataFrame 的行索引、列索引以及数据。例如：

```
>>>data=np.array([('182202001','Tom'),('182202002','Andy'),('182202003', 'Ben')])
>>> data=pd.DataFrame(data,index=range(1,4),columns=['sno','name'])
>>> data.index
RangeIndex(start=1, stop=4, step=1)
>>> data.columns
```

```
Index(['sno', 'name'], dtype='object')
>>> data.values
array([['182202001', 'Tom'],
       ['182202002', 'Andy'],
       ['182202003', 'Ben']], dtype=object)
```

② 利用索引查找并修改 DataFrame 中的对象。例如：

```
columns_change=['name','sno']
>>> data_change=data.reindex(columns=columns_change)
>>> data_change
   name        sno
1  Tom    182202001
2  Andy   182202002
3  Ben    182202003
>>> data[0:2]
         sno     name
1  182202001   Tom
2  182202002   Andy
>>> data.loc[:,'name']
1    Tom
2    Andy
3    Ben
Name: name, dtype: object
>>> data.loc[0:1,['name','sno']]
   name        sno
   Tom    182202001
>>> data.iloc[[0,2],[1]]
   name
1  Tom
3  Ben
```

这里分别利用切片方式 (data[0:2])、标签方式 loc()、位置方式 iloc() 实现选中多行、多列数据。

③ 利用索引增加、删除 DataFrame 中的对象。例如：

```
>>> data['score']=[90,80,70]
>>> data
         sno    name   score
1  182202001   Tom      90
2  182202002   Andy     80
3  182202003   Ben      70
>>> data.loc[4]={'sno':'182202004','name':'Selina','score':95}
>>> data
         sno    name    score
1  182202001   Tom       90
2  182202002   Andy      80
3  182202003   Ben       70
4  182202004   Selina    95
>> data.drop(1)
         sno    name   score
2  182202002   Andy     80
3  182202003   Ben      70
```

```
4   182202004   Selina       95
>>> data.drop('name',axis=1)
        sno    score
1   182202001    90
2   182202002    80
3   182202003    70
4   182202004    95
```

例 9-22 给出简单的加法案例，执行程序后的输出结果是什么？

```
import pandas as pd
lst = ["红茶","卡布其诺","拿铁"]
lst1 = [18, 32, 30]
lst2 = [20, 34, 30]
s1 = pd.Series(lst1, index=lst)
s2 = pd.Series(lst2, index=lst)
s3 = s1+s2
print(s3[0])
```

输出结果为：

```
38
```

9.5.4 处理缺失值

Pandas 主要用 np.nan 表示缺失值。读取数据时有些数据不存在值，因而造成缺失。针对缺失情况，一般可以采用删除、填充等方式处理。

首先，读取含缺失值的 csv 文件。例如：

```
>>> data = pd.read_csv('data.csv')
>>> data
          a         b         c         d         e
0  0.350415  0.492477  1.518242 -0.117889  1.365622
1 -0.807875  0.883757       NaN       NaN -0.897147
2  0.137968  0.736927  0.620982  0.128725  1.446289
3       NaN -0.492978 -0.592644  0.033457 -0.176597
4 -0.533348  0.254764  0.715801  0.962571  2.692409
```

然后，通过 dropna() 删除含有 NaN 的缺失样本行。例如：

```
>>> data.dropna(axis=0)
          a         b         c         d         e
0  0.350415  0.492477  1.518242 -0.117889  1.365622
2  0.137968  0.736927  0.620982  0.128725  1.446289
4 -0.533348  0.254764  0.715801  0.962571  2.692409
>>> data.dropna(axis=1)
          b         e
0  0.492477  1.365622
1  0.883757 -0.897147
2  0.736927  1.446289
3 -0.492978 -0.176597
4  0.254764  2.692409
```

直接删除缺失样本行会影响缺失样本的表达。可以通过 fillna() 函数进行零填充、均值填充、中位数填充、众数填充等。

① 使用 fillna() 函数进行零填充。例如：

```
>>> data.fillna(0)
          a         b         c         d         e
0  0.350415  0.492477  1.518242 -0.117889  1.365622
1 -0.807875  0.883757  0.000000  0.000000 -0.897147
2  0.137968  0.736927  0.620982  0.128725  1.446289
3  0.000000 -0.492978 -0.592644  0.033457 -0.176597
4 -0.533348  0.254764  0.715801  0.962571  2.692409
```

② 使用 fillna() 函数将每列数据的均值进行填充。例如：

```
>>> data.fillna(data.mean())
          a         b         c         d         e
0  0.350415  0.492477  1.518242 -0.117889  1.365622
1 -0.807875  0.883757  0.565595  0.251716 -0.897147
2  0.137968  0.736927  0.620982  0.128725  1.446289
3 -0.213210 -0.492978 -0.592644  0.033457 -0.176597
4 -0.533348  0.254764  0.715801  0.962571  2.692409
>>> data.fillna(data.mean()['c':'d'])
          a         b         c         d         e
0  0.350415  0.492477  1.518242 -0.117889  1.365622
1 -0.807875  0.883757  0.565595  0.251716 -0.897147
2  0.137968  0.736927  0.620982  0.128725  1.446289
3       NaN -0.492978 -0.592644  0.033457 -0.176597
4 -0.533348  0.254764  0.715801  0.962571  2.692409
```

③ 使用 fillna() 函数指定缺失值填充的方向，bill 表示用该列中最后一个非缺失值填充 NaN，而 pad 表示用前一个非缺失值填充。

```
>>> data.fillna(method='bfill')
          a         b         c         d         e
0  0.350415  0.492477  1.518242 -0.117889  1.365622
1 -0.807875  0.883757  0.620982  0.128725 -0.897147
2  0.137968  0.736927  0.620982  0.128725  1.446289
3 -0.533348 -0.492978 -0.592644  0.033457 -0.176597
4 -0.533348  0.254764  0.715801  0.962571  2.692409
>>> data.fillna(method='pad')
          a         b         c         d         e
0  0.350415  0.492477  1.518242 -0.117889  1.365622
1 -0.807875  0.883757  1.518242 -0.117889 -0.897147
2  0.137968  0.736927  0.620982  0.128725  1.446289
3  0.137968 -0.492978 -0.592644  0.033457 -0.176597
4 -0.533348  0.254764  0.715801  0.962571  2.692409
```

9.5.5 数据合并

Pandas 提供了很多可以将 Series、DataFrame 对象组合在一起的函数，可以实现连接（joint）、合并（merge）以及追加（append）功能。

① 简单的连接操作 concat() 函数。例如：

```
>>> a=pd.DataFrame(np.random.randn(5,5))
```

```
>>> a
          0         1         2         3         4
0 -0.779250 -1.879268  0.073914 -1.332483  0.138177
1 -1.327129  1.761623  1.255610 -1.485777  0.712880
2  0.705801  2.164961  1.424301  1.144536 -0.657301
3 -1.761785  0.813052  0.717908 -0.188502  0.524531
4  1.841110 -0.652172  0.736511  0.077920  0.865145
>>> b=pd.DataFrame(np.random.randn(2,5))
>>> b
          0         1         2         3         4
0 -0.398501  1.563533  1.645687  1.005867 -0.603799
1 -0.822795 -0.332110 -0.235695  0.498131  0.996385
>>> pieces=[a,b]
>>> pd.concat(pieces)
          0         1         2         3         4
0 -0.779250 -1.879268  0.073914 -1.332483  0.138177
1 -1.327129  1.761623  1.255610 -1.485777  0.712880
2  0.705801  2.164961  1.424301  1.144536 -0.657301
3 -1.761785  0.813052  0.717908 -0.188502  0.524531
4  1.841110 -0.652172  0.736511  0.077920  0.865145
0 -0.398501  1.563533  1.645687  1.005867 -0.603799
1 -0.822795 -0.332110 -0.235695  0.498131  0.996385
```

② merge() 函数根据关键字合并。例如：

```
>>>a=pd.DataFrame({'sno':['182202001','182202002','182202003'],'name':['Tom','Andy','Ben']})
>>> b=pd.DataFrame({'sno':['182202001','182202002','182202003'],'sex': ['m','f','m']})
>>> pd.merge(a,b,on='sno')
         sno   name sex
0  182202001    Tom   m
1  182202002   Andy   f
2  182202003    Ben   m
```

③ 使用 append() 函数增加新的数据行。例如：

```
>>> a=pd.DataFrame(np.random.randn(5,5),columns=['a','b','c','d','e'])
>>> a
          a         b         c         d         e
0  0.132373 -0.648090 -1.252913  0.249052 -0.579146
1  1.086097 -0.707062 -0.112345  0.989284  0.443626
2 -1.192088 -1.264071  1.633482  1.799474  0.836683
3  0.975547  0.954117 -0.535970 -1.103707  0.288219
4 -0.490272  0.068129 -0.135327  0.764738  0.292333
>>> b=pd.DataFrame(np.random.randn(2,5),columns=['a','b','c','d','e'])
>>> b
          a         b         c         d         e
0  0.754202 -0.565523  0.986971  0.83448  0.634666
1  0.660749  0.281284 -0.484581 -0.26392 -0.257877
>>> a.append(b)
          a         b         c         d         e
0  0.132373 -0.648090 -1.252913  0.249052 -0.579146
```

```
1   1.086097  -0.707062  -0.112345   0.989284   0.443626
2  -1.192088  -1.264071   1.633482   1.799474   0.836683
3   0.975547   0.954117  -0.535970  -1.103707   0.288219
4  -0.490272   0.068129  -0.135327   0.764738   0.292333
0   0.754202  -0.565523   0.986971   0.834480   0.634666
1   0.660749   0.281284  -0.484581  -0.263920  -0.257877
>>> a.append(b,ignore_index=True)
          a          b         c          d          e
0   0.132373  -0.648090  -1.252913   0.249052  -0.579146
1   1.086097  -0.707062  -0.112345   0.989284   0.443626
2  -1.192088  -1.264071   1.633482   1.799474   0.836683
3   0.975547   0.954117  -0.535970  -1.103707   0.288219
4  -0.490272   0.068129  -0.135327   0.764738   0.292333
5   0.754202  -0.565523   0.986971   0.834480   0.634666
6   0.660749   0.281284  -0.484581  -0.263920  -0.257877
```

9.5.6 数据统计与分析

如何高效地统计和分析数据是非常重要的，而 Pandas 有很多函数和方法可以用于 DataFrame 对象和 Series 对象的统计和分析。以 mean() 函数为例：

```
>>> a=pd.Series([1,2,3,4,5])
>>> a.mean()
3.0
>>> b=pd.DataFrame(np.random.randn(8,5),columns=['a','b','c','d','e'])
>>> b.mean()
a    0.539239
b   -0.201027
c   -0.023737
d    0.093073
e    0.462980
dtype: float64
```

排序是统计中常用的方法之一，可以使用 DataFrame 对象的 sort_value(by='key') 方法进行排序，其中 key 表示某一个关键字，默认按照升序排序。

例9-23 假如已知 3 位学生的数学、英语、语文成绩，分别实现学生总成绩排序、统计英语成绩大于或等于 80 分的学生、根据总成绩是否大于 250 分划分为 A、B 类学生。

```
# code9_17
import numpy as np
import pandas as pd
a=pd.DataFrame({'sno':['182202001','182202002','182202003'],'name':['Tom',
'Andy','Ben'],'math':[70,90,85],'english':[90,88,78],'chinese':[89,90,85],'sum_
score':[249,268,248]})
print('************** 按总成绩排序 *************')
print(a.sort_values(by='sum_score'))   #
print('*** 统计英文成绩大于或等于 80 分的学生信息 ***')
print(a[a.english>=85])
print('*** 根据学生总成绩是否大于 250 分划分为 A、B 类 ***')
a['mark']=['A'if item>=250 else 'B' for item in a.sum_score]
print(a)
```

程序运行结果如下:

```
************** 按总成绩排序 *************
   sno       name   math   english   chinese   sum_score
2  182202003  Ben    85     78        85        248
0  182202001  Tom    70     90        89        249
1  182202002  Andy   90     88        90        268
*** 统计英文成绩大于或等于 80 分的学生信息 ***
   sno       name   math   english   chinese   sum_score
0  182202001  Tom    70     90        89        249
1  182202002  Andy   90     88        90        268
*** 根据学生总成绩是否大于 250 分划分为 A、B 类 ***
   sno       name   math   english   chinese   sum_score   mark
0  182202001  Tom    70     90        89        249         B
1  182202002  Andy   90     88        90        268         A
2  182202003  Ben    85     78        85        248         B
```

9.6 Statistics 简单应用

Python 统计分析模块 Statistics，主要用于各种统计分析任务。处理的数据包括 int、float、Decimal 和 Fraction 类型，处理的任务包括计算平均数、中位数、出现次数、标准差等相关操作。

9.6.1 平均值以及中心位置的评估

表 9-7 总结了 Statistics 常用函数，包括计算样本平均值、中位数、众数等。

表9-7 Statistics常用函数

函　　数	描　　述
mean()	平均数
harmonic_mean()	调和平均数
median()	中位数
median_low()	较小的中位数
median_high()	较大的中位数
median_grouped()	分组数据的中位数
mode()	众数

harmonic_mean() 返回调和平均数，又称次相反平均数，计算结果为所有数据倒数的算术平均数 mean() 的倒数。例如，数据 a、b、c 的调和均值等于 $3/(1/a + 1/b + 1/c)$，如果 a、b、c 中有一个值为零，调和平均数为零。

当有偶数个中位数时，median() 函数返回偶数个中位数的平均值；median_low() 函数，当有偶数个中位数时返回较小的中位数；median_high() 函数，当有偶数个中位数时返回较大的中位数；median_grouped() 函数表示分组数据的中位数，interval 间隔取值不同，结果也会有差异。这里默认取中间值，每次减少 0.5。

mode() 函数返回众数，即出现次数最多的数。

例9-24 计算数组 data 的平均数、调和平均数、众数、中位数。

```
# code9_18
import numpy as np
import statistics

data=[1,2,2,3,4,5,6,10]
print("均值:",statistics.mean(data))
print("调和平均数:",statistics.harmonic_mean(data))
print("众数:",statistics.mode(data))
print("中位数:",statistics.mode(data))
print("较小的中位数:",statistics.median_low(data))
print("较大的中位数",statistics.median_high(data))
print("分组数据的中位数-间隔为1:",statistics.median_grouped(data,interval=1))
print("分组数据的中位数-间隔为2",statistics.median_grouped(data, interval=2))
print("分组数据的中位数-间隔为3",statistics.median_grouped(data,interval=3))
```

程序运行结果如下：

```
均值: 4.125
调和平均数: 2.6229508196721311
众数: 2
中位数: 2
较小的中位数: 3
较大的中位数 4
分组数据的中位数-间隔为1: 3.5
分组数据的中位数-间隔为2: 3.0
分组数据的中位数-间隔为3: 2.5
```

值得注意的是，对于 mode() 函数，当数组中没有出现最多次数的元素，程序就会报错，引发 StatisticsError。例如：

```
>>> mode([1,2,3,4])
Traceback (most recent call last):
    File "<pyshell#73>", line 1, in <module>
        mode([1,2,3,4])
    File "C:\Users\xlk\AppData\Local\Programs\Python\Python37\lib\ statistics. py",
line 506, in mode
        'no unique mode; found %d equally common values' % len(table)
statistics.StatisticsError: no unique mode; found 4 equally common values
>>> mode([1,1,2,2])
Traceback (most recent call last):
    File "<pyshell#74>", line 1, in <module>
        mode([1,1,2,2])
    File "C:\Users\xlk\AppData\Local\Programs\Python\Python37\lib\ statistics.py",
line 506, in mode
        'no unique mode; found %d equally common values' % len(table)
statistics.StatisticsError: no unique mode; found 2 equally common values
```

9.6.2 方差和标准差

方差用于衡量一组值相对于均值的分散程度，计算的是每个值与均值的差值的平方的平均值，标准差是方差的平方根。方差或标准差的值较大，表示一组数据是分散的，而值较小表示数据的分组更接近均值。

一般地，pstdev() 函数用于计算数据总体的标准差；pvariance() 函数用于计算数据总体的方差或者成为二次矩；stdev() 函数用于计算数据样本的标准差；variance() 函数用于计算数据样本的方差。例如：

```
>>> pstdev([1,2,3,4,5,6])
1.707825127659933
>>> pvariance([1,2,3,4,5,6])
2.9166666666666665
>>> stdev([1,2,3,4,5])
1.5811388300841898
>>> variance([1,2,3,4,5])
2.5
```

例 9-25　计算一个数组整体的方差和标准差。

```
#code9_19
import numpy as np
import statistics

data=np.random.randn(100)
print('总体标准差：',statistics.pstdev(data))
print('总体方差：',statistics.pvariance(data))
print('样本标准差：',statistics.stdev(data))
print('样本方差：',statistics.variance(data))
```

程序运行结果如下：

```
总体标准差： 0.9655025461623532
总体方差： 0.932195166645987
样本标准差： 0.9703665569622218
样本方差： 0.9416112794403909
```

小　结

本章主要介绍了如何利用 Python 第三方库进行科学计算与可视化的方法。以科学生态系统 SciPy 为例，介绍 Python 语言中的常见工具包，包括 NumPy、Pandas、SciPy library、Matplotlib、Statistics 等。主要内容如下：

NumPy 包：主要用于数据操作和数学计算，本节介绍了创建数组、维度和类型变化、ndarry 的操作与运算、ufunc 简单使用、文件存取等。

SciPy library 包：主要用于工程计算，本节实现最小二乘拟合、求函数最小值、非线性方程组求解、B-Spline 样条插值、数值积分等。

Matplotlib 包：主要用于绘制图像，本节简单应用于绘制正弦曲线、余弦曲线、散点图、饼状图、条形图、三维散点图、三维曲线等。

Pandas 包：是一个强大的数据分析包，主要有两大内容：Series 与 DataFrame。介绍了增删查找元素、处理缺失值、数据统计与分析等。

Statistics 包：用于各种统计分析任务。主要介绍了平均值、中位数、方差、标准差等。

习 题

1. 利用 zeros()、ones() 函数创建一个长度为 20 的一维 ndarray 对象，要求前 5 个数据为 0，中间 10 个数据全 1，最后 5 个数据为 10。

2. 已知函数 $y=x^2+\cos(x)$，其中，x 的取值范围为 [-2,2]，利用 optimize() 函数求函数的最小值。

3. 利用 Matplotlib 包作图，绘制 tan(x) 图像，其中，x 的取值范围为 $(-\pi,\pi)$。要求用蓝色点绘制图像，同时需要为图像添加轴注释、图注信息。

4. 以例 9-17 为基础，添加 2 位学生信息 {'sno':['182202004','182202005',],'name': ['Ella', 'Rose'], 'english':[97,95],'chinese':[89,88]}。要求：重新为学生总成绩排序并分出 A、B 类学生。

5. 利用 NumPy 包随机生成大小为 10 的数组，求该数组的平均值、中位数、众数、方差和标准差。

6. 假设学生成绩见表 9-8，添加总分列（sum_score），并分别按照数学、英语、语文成绩排序。

表9-8 学生成绩表

Sno	name	math	English	chinese
182202001	Tom	79	90	90
182202002	Andy	85	85	90
182202003	Ben	84	99	85
182202004	Bill	98	95	80

7. 根据表 9-8 学生成绩表，用条形图、饼状图展示 Tom 同学的各科成绩，并为其提出学习建议。

8. 求解非线性方程组。

$$\begin{cases} x_1^3 - x_0 - 1 = 0 \\ x_0 - \cos x_2 = 0 \\ x_1 \times x_2 - 5 = 0 \end{cases}$$

第 10 章　Python综合应用

前面章节系统地学习了 Python 程序设计语言的语法及其编程方法。本章首先介绍有关人工智能方面的基本概念及 Python 人工智能应用方面常用的函数库，然后介绍利用 Python 库函数，实现中文文本分词、网络爬虫、分类、聚类、回归分析等应用。本章的学习让读者掌握利用 Python 第三方库，解决文本处理、网络数据采集以及人工智能分析数据等问题的初步能力。

10.1　人工智能概述

10.1.1　什么是人工智能

人工智能（Artificial Intelligence，AI）是研究使计算机模拟人的某些思维过程和智能行为（如学习、推理、思维、规划等）的一门学科，主要包括计算机实现智能的原理，制造类似于人脑智能的计算机，使计算机能实现更高层次的应用。人工智能不是人的智能，但能像人那样思考、也可能超过人的智能。人工智能是研究人类智能活动的规律，构造具有一定智能的人工系统，研究如何让计算机完成以往需要人的智力才能胜任的工作，也就是研究如何应用计算机的软硬件来模拟人类某些智能行为的基本理论、方法和技术。

自从 1956 年正式提出人工智能的概念以来，人工智能研究取得了长足的发展。人工智能的发展经历了三个阶段：①人工智能的推理阶段（1956—1970 年），这一阶段机器只是具备了逻辑推理能力，并未达到智能化水平；②人工智能的知识工程阶段（1971—1999 年），通过建立知识库实现人工智能；③人工智能的机器学习阶段（2000 年至今），通过机器学习获得机器智能。

10.1.2　人工智能学科的研究内容

人工智能的发展历史是和计算机科学技术的发展史联系在一起的。除了计算机科学以外，人工智能还涉及信息论、控制论、自动化、仿生学、生物学、心理学、数理逻辑、语言学、医学和哲学等多门学科。人工智能学科研究的主要内容包括：知识表示、自动推理、机器学习、自然语言处理、计算机视觉、智能机器人、自动程序设计等方面。

1. 知识表示

知识的表示就是对知识的一种描述，或者说是对知识的一组约定，一种计算机可以接受的用于描述知识的数据结构。目前主要使用的知识表示方法有：逻辑表示法、产生式表示法、面向对象的表示方法、语义网表示法、本体表示法等。

2. 自动推理

自动推理就是使用归纳、演绎等逻辑运算方法，针对目标对象进行演算生成结论。自动推理的研究内容有模型生成与定理机器证明、程序正确性验证、逻辑程序设计、常识推理、非单调推理、模糊推理、约束推理、定性推理、类比推理、归纳推理、自然演绎法、归结方法等。

3. 机器学习

机器学习是研究计算机获取新知识和新技能，模拟人类学习活动的一门技术，它利用历史数据或以往的经验自动改进优化系统的性能。它是人工智能的核心，是使计算机具有智能的根本途径。要进行机器学习，首先要有训练数据。根据训练数据是否拥有标记信息，机器学习可以分为监督学习、无监督学习、半监督学习，其中，监督学习的代表是分类和回归分析，当输出的结果是有限的一组离散值时，则使用分类算法，当输出的结果是一定范围内的连续数值时，则使用回归算法；无监督学习的代表是聚类。

分类就是通过一定的模型和算法对带标记的数据集进行训练，建立一个分类器。该分类器用来预测某一个新样本属于哪一种类别。分类模型与算法主要包括：最近邻算法 KNN、决策树算法、贝叶斯分类算法、支持向量机算法、神经网络方法等。

回归分析是一种预测性的建模技术，它研究的是因变量和自变量之间的关系。这种技术通常用于预测分析，发现变量之间的因果关系。例如，司机的鲁莽驾驶与道路交通事故数量之间的关系。回归分析主要解决的问题是：①确定变量之间是否存在相关关系，若存在，则找出数学表达式；②根据一个或几个变量的值，预测另一个或几个变量的值。

聚类就是将训练数据集中的对象分成若干组，使得同一个组内的数据对象之间的相似性尽可能大，不同组的数据对象之间的差异性尽可能大。此外，聚类与分类的不同在于，聚类划分的类别数是未知的。传统的聚类分析方法主要有：划分方法、层次方法、基于密度的方法、基于网格的方法、基于模型的方法。

4. 自然语言处理

自然语言处理是人工智能领域中的一个重要方向。它研究能实现人与计算机之间用自然语言进行有效通信的各种理论和方法。自然语言处理是一门融语言学、计算机科学、数学于一体的科学。因此，这一领域的研究将涉及自然语言，即人们日常使用的语言，所以它与语言学的研究有着密切的联系，但又有重要的区别。自然语言处理并不是一般地研究自然语言，而在于研制能有效地实现自然语言通信的计算机系统，特别是其中的软件系统。自然语言处理主要应用于机器翻译、文本语义理解、舆情监测、自动摘要、文本分类、问题回答、语音识别等方面。自然语言处理一般包括4个过程：语料预处理→特征表示→模型训练→指标评价，其中语料预处理又包含语料清洗、分词、词性标注、去停用词等4个方面的工作。

5. 计算机视觉

计算机视觉是使用计算机及相关设备对生物视觉的一种模拟。它的主要任务是通过对采集的图片或视频进行处理以获得相应场景的三维信息，就像人类和许多其他类生物具有视觉器官那样。计算机视觉的挑战是要为计算机和机器人开发具有与人类水平相当的视觉能力。

6. 智能机器人

机器人是一种自动执行工作的机器装置。它既可以接受人类指挥，又可以运行预先编排的程序。它的任务是协助或取代人类工作，如生产业、建筑业，或是危险的工作。智能机器人是一种具有智能的机器人，它至少要具备以下三个要素：一是感觉要素，用来认识周围环境状态；二是运动要素，对外界做出反应性动作；三是思考要素，根据感觉要素所得到的信息，思考采用什么样的动作。智能机器人根据其智能程度的不同,又可分为三种:传感型机器人、交互型机器人、自主型机器人。传感型机器人利用传感机构(包括视觉、听觉、触觉、接近觉、力觉和红外、超声及激光等)进行传感信息处理、实现控制与操作。交互型机器人通过计算机系统与操作员进行人-机对话,实现对机器人的控制与操作。自主型机器人可以与人、与外部环境以及与其他机器人之间进行信息交流,无须人的干预,能够在各种环境下自动完成各项拟人任务。

7. 自动程序设计

自动程序设计,简称软件自动化,是指采用自动化手段进行程序设计的技术和过程,它可以由形式化的软件功能规格说明能自动生成可执行程序代码。从关键技术来看,自动程序设计的实现途径可归结为演绎综合、程序转换、实例推广,以及过程实现等 4 种。自动程序设计在软件工程领域具有广泛应用。

10.1.3 人工智能的应用

人工智能在模式识别(如人脸识别、手写字识别、语音识别)、自然语言处理、计算机视觉、医疗卫生、智能交通、智能驾驶、智能机器人、智能无人机、金融、教育、安防、环保等领域具有广泛的应用。2017 年人工智能迅速进入爆发期,成为推动技术革新、产业升级、社会进步的巨大力量。智能时代到来、主客观条件成熟,推动人工智能应用到社会产业发展中去,应用到人们社会生活的各个方面。

人工智能正在上升为国家战略。2017 年 7 月 8 日中国正式发布人工智能规划,规划发布之后,国家科技部和工信部也紧锣密鼓地开始运作起来。工信部也规划了人工智能的 8 个重点发展方向,分别是智能网联汽车、智能服务机器人、智能无人机、医疗影像辅助诊断系统、视频图像身份识别系统、智能语音交互系统、智能翻译系统、智能家居产品。

下面让我们来看看人工智能在不同领域的应用。

1. 人脸识别

人脸识别是基于人的脸部特征信息进行身份识别的一种生物识别技术,它所涉及的技术有图像处理和计算机视觉等。目前,人脸识别技术已广泛应用于多个领域,如金融、司法、公安、边检、航天、电力、教育、医疗等。人脸识别系统的研究始于20世纪60年代,之后,随着计算机技术和光学成像技术的发展,人脸识别技术水平在20世纪80年代得到不断提高。在20世纪90年代后期,人脸识别技术进入初级应用阶段。有一个关于人脸识别技术应用的有趣案例:警方利用人脸识别技术在各演唱会上多次抓到在逃人员。随着人脸识别技术的进一步成熟和社会认同度的提高,将会应用在更多领域,给人们的生活带来更多改变。

2. 无人驾驶汽车

无人驾驶汽车是智能汽车的一种,主要依靠车内以计算机系统为主的智能驾驶控制器来实现无人驾驶。无人驾驶汽车涉及计算机视觉、自动控制等多种技术。美国、英国、德国等发达国家从 20 世纪 70 年代开始就投入到无人驾驶汽车的研究中,我国从 20 世纪 80 年代起也开始了无人驾驶汽车的研究。2006 年,卡内基·梅隆大学研发了无人驾驶汽车 Boss,Boss 能够按照交通规则安全地驾驶通过附近有空军基地的街道,并且会避让其他车辆和行人。近年来,伴随着人工智能浪潮的兴起,无人驾驶成为人们热议的话题,国内外许多公司都纷纷投入到自动驾驶和无人驾驶的研究中。例如,Google 的 GoogleX 实验室正在积极研发无人驾驶汽车 GoogleDriverlessCar,百度也已启动"百度无人驾驶汽车"研发计划,其自主研发的无人驾驶汽车Apollo还曾亮相2018年央视春晚。

3. 机器翻译

机器翻译是利用计算机将一种自然语言转换为另一种自然语言的过程。机器翻译用到的技术主要是神经网络机器翻译技术，该技术当前在很多语言上的表现已经超过人类。随着经济全球化进程的加快及互联网的迅速发展，机器翻译技术在促进政治、经济、文化交流等方面的价值凸显，也给人们的生活带来了许多便利。例如，我们在阅读英文文献时，可以方便地通过百度翻译、Google翻译等网站将英文转换为中文，免去了查字典的麻烦，提高了学习和工作的效率。

4. 智能客服机器人

智能客服机器人是一种利用机器模拟人类行为的人工智能实体形态，它能够实现语音识别和自然语义理解，具有业务推理、话术应答等能力。当用户访问网站并发出会话时，智能客服机器人会根据系统获取的访客地址、IP和访问路径等，快速分析用户意图，回复用户的真实需求。同时，智能客服机器人拥有海量的行业背景知识库，能对用户咨询的常规问题进行标准回复，提高应答准确率。智能客服机器人广泛应用于商业服务与营销场景，为客户解决问题、提供决策依据。同时，智能客服机器人在应答过程中，可以结合丰富的对话语料进行自适应训练，因此，其在应答话术上将变得越来越精确。

5. 智能外呼机器人

智能外呼机器人是人工智能在语音识别方面的典型应用，它能够自动发起电话外呼，以语音合成的自然人声形式，主动向用户群体介绍产品。在外呼期间，它可以利用语音识别和自然语言处理技术获取客户意图，而后采用针对性话术与用户进行多轮交互会话，最后对用户进行目标分类，并自动记录每通电话的关键点，以成功完成外呼工作。从2018年开始，智能外呼机器人呈现出井喷式兴起状态，它能够在互动过程中不带有情绪波动，并且自动完成应答、分类、记录和追踪，助力企业完成一些烦琐、重复和耗时的操作，从而解放人工，减少大量的人力成本和重复劳动力，让员工着力于目标客群，进而创造更高的商业价值。当然智能外呼机器人也会对用户造成频繁打扰。基于维护用户的合法权益，促进语音呼叫服务端健康发展，2020年8月31日国家工信部下发了《通信短信息和语音呼叫服务管理规定（征求意见稿）》，意味着未来的外呼服务，无论人工还是人工智能，都需要持证上岗，而且还要在监管的监视下进行，这也对智能外呼机器人的用户体验和服务质量提出了更高的要求。

6. 个性化推荐

个性化推荐是一种基于聚类与协同过滤技术的人工智能应用，它建立在海量数据挖掘的基础上，通过分析用户的历史行为建立推荐模型，主动给用户提供匹配其需求与兴趣的信息，如商品推荐、新闻推荐等。个性化推荐既可以为用户快速定位需求产品，弱化用户被动消费意识，提升用户兴致和留存黏性，又可以帮助商家快速引流，找准用户群体与定位，做好产品营销。个性化推荐系统广泛存在于各类网站和App中，本质上，它会根据用户的浏览信息、用户基本信息和对物品或内容的偏好程度等多因素进行考量，依托推荐引擎算法进行指标分类，将与用户目标因素一致的信息内容进行聚类，经过协同过滤算法，实现精确的个性化推荐。

7. 手写数字识别

手写数字识别是指给定一系列的手写数字图片以及对应的数字标签，利用分类算法进行训练学习，构建一个分类模型，目标是对于一张新的手写数字图片能够自动识别出对应的数字。手写数字识别应用广泛，如税表系统、银行支票自动处理和邮政编码自动识别等。由于数字类别只有 0 ~ 9 共 10 个，比其他字符识别率高。许多机器学习和模式识别领域的新理论和算法都是先用手写数字识别进行检验，验证其理论的有效性，然后才会将其应用到更为复杂的领域中。在这方面的典型例子就是人工神经网络和支持向量机。

10.1.4　Python 人工智能应用常用函数库

Python 拥有大量的数据科学 Python 库，且使用简单、灵活，无疑是业界最流行的数据科学语言，广泛应用于科学计算、可视化、构建模型甚至模型部署等。第 9 章已介绍了基本的科学计算与可视化函数库，下面介绍人工智能应用常用的函数库。

1. Scikit-learn

Scikit-learn 又称 sklearn，是开源、免费的基于 Python 语言的机器学习库。它具有各种分类、回归和聚类算法，包括支持向量机、决策树、朴素贝叶斯、最近邻算法 KNN 和 DBSCAN 等。与 Python 数值科学库 NumPy、SciPy 和 Matplotlib 联合使用。

2. TensorFlow

TensorFlow 是 Google 开源的一套深度学习库，支持 GPU 和分布式，是目前最有影响力的深度学习系统。TensorFlow 既是一个实现机器学习算法的接口，同时也是执行机器学习算法的框架，前端支持 Python、C++、Java 等多种开发语言，后端使用 C++、CUDA 等实现。TensorFlow 建立的大规模深度学习模型的应用场景也非常广，包括语音识别、自然语言处理、计算机视觉、机器人控制、信息抽取、药物研发等。

3. PyTorch

PyTorch 是一个 Python 开源机器学习库，主要由 Facebook 的人工智能小组开发，不仅能够实现强大的 GPU 加速，同时还支持动态神经网络，是目前除 TensorFlow 外另一个有影响力的深度学习系统。由研发人员组成的活跃社区已经建立了一个丰富的工具和库的生态系统，用于扩展 PyTorch 并支持计算机视觉和强化学习等领域的开发，除了 Facebook 之外，Twitter 等都采用了 PyTorch。

4. OpenCV

OpenCV 是一个开源的跨平台计算机视觉和机器学习软件库，由一系列 C 函数和 C++ 类构成，同时提供了 Python 等语言的接口，实现了图像处理和计算机视觉方面的很多通用算法。主要应用于人机互动、物体识别、图像分割、人脸识别、动作识别、运动跟踪、机器人、运动分析、机器视觉、汽车安全驾驶等领域。

10.2　中文分词应用

10.2.1　自然语言处理简介

简单地说，自然语言处理（Natural Language Processing，NLP）就是用计算机来处理、理解以及运用人类语言（如中文、英文等），它属于计算机学科中人工智能研究的一个分支，是计算机科学与语言学的交叉学科，又常被称为计算语言学。

自然语言是人类区别于其他动物的根本标志。没有语言，人类的思维也就无从谈起，所以自然语言处理体现了人工智能的最高任务与境界，也就是说，只有当计算机具备了处理自然语言的能力时，机器才算实现了真正的智能。

从研究内容来看，自然语言处理包括语法分析、语义分析、篇章理解等。从应用角度来看，自然语言处理具有广泛的应用前景。特别是在信息时代，自然语言处理的应用包罗万象，如机器翻译、手写体和印刷体字符识别、语音识别及文语转换、信息检索、信息抽取与过滤、文本分类与聚类、舆情分析和观点挖掘等，它涉及与语言处理相关的数据挖掘、机器学习、知识获取、知识工程、人工智能研究和与语言计算相关的语言学研究等。

NLP 的两个核心任务是自然语言理解（Natural Language Understanding，NLU）和自然语言生成（Natural Language Generation，NLG）。自然语言理解（NLU）是指实现人机间自然语言通信，这就意味着要使计算机能够理解自然语言文本的意义。NLU 常见的应用有机器翻译、机器客服、智能音响等；自然语言生成（NLG）是指以自然语言文本来表达给定的意图、思想等。NLG 常见的应用有聊天机器人、自动编写新闻等。

NLP 处理分为三个分析层面。

第一层面：词法分析。

词法分析包括汉语的分词和词性标注两部分。

（1）分词：将输入的文本切分为单独的词语。

（2）词性标注：为每个词赋予一个类别。

类别可以是名词(noun)、动词（verb）、形容词（adjective）等，属于相同词性的词，在句法中承担类似的角色。

第二层面：句法分析。

句法分析是对输入的文本以句子为单位，进行分析以得到句子的句法结构的处理过程。

有如下三种比较主流的句法分析方法：

（1）短语结构句法体系，作用是识别出句子中的短语结构以及短语之间的层次句法关系。

（2）依存结构句法体系（属于浅层句法分析），作用是识别句子中词与词之间的相互依赖关系。

（3）深层文法句法分析，利用深层文法，对句子进行深层的句法以及语义分析。

第三个层面：语义分析。

语义分析的最终目的是理解句子表达的真实语义。语义表示形式至今没有一个统一的方案。主要研究工作包括语义角色标注（semantic role labeling）和联合模型（新发展的方法，将多个任务联合学习和解码）。

10.2.2 中文分词

中文信息处理是自然语言处理的分支，是指用计算机对中文进行处理。

和大部分西方语言不同，书面汉语的词语之间没有明显的空格标记，句子是以字串的形式出现。因此对中文进行处理的第一步就是进行自动分词，即将字串转变成词串（计算机在词与词之间加上空格或其他边界标记），这就是中文分词。中文分词是中文自然语言处理的一项基础性工作，也是中文信息处理的一个重要问题。

中文分词的主要问题和难点有三个，分别是分词规范问题、歧义切分问题、未登录词问题。

1. 分词规范问题

"词"这个概念一直是汉语语言学界纠缠不清而又挥之不去的问题。"词是什么"（词的抽象定义）及"什么是词"（词的具体界定），这两个基本问题有点飘忽不定，至今拿不出一个公认的、具有权威性的词表。

主要困难出自两个方面：一方面是单字词与词素之间的划界；另一方面是词与短语（词组）的划界。此外，对于汉语"词"的认识，普通说话人的语感与语言学家的标准也有较大差异。有关专家的调查表明，在母语为汉语的被试者之间，对汉语文本中出现的词语的认同率只有大约70%，从计算的严格意义上说，自动分词是一个没有明确定义的问题。建立公平公开的自动分词评测标准一直在路上。

2．歧义切分问题

歧义字段在汉语文本中普遍存在，因此，切分歧义是中文分词研究中一个不可避免的"拦路虎"。

交集型切分歧义：汉字串 AJB 如果满足 AJ、JB 同时为词（A、J、B 分别为汉字串），则称为交集型切分歧义。此时汉字串 J 称为交集串，如"结合成""大学生""师大校园生活""部分居民生活水平"等。

组合型切分歧义：汉字串 AB 如果满足 A、B、AB 同时为词，则称为多义组合型切分歧义。如"起身"：①他站｜起｜身｜来；②他明天｜起身｜去北京。

再如"将来"：①她明天｜将｜来｜这里作报告；②她｜将来｜一定能干成大事。

3．未登录词问题

未登录词又称生词（unknown word），可以有两种解释：一是指已有的词表中没有收录的词；二是指已有的训练语料中未曾出现过的词。在第二种含义下，未登录词又称集外词（out of vocabulary，OOV），即训练集以外的词。通常情况下将 OOV 与未登录词看作一回事。

对于大规模真实文本来说，未登录词对于分词精度的影响远远超过了歧义切分。未登录词可以粗略划分为如下几种类型：

（1）新出现的普通词汇：如博客、超女、恶搞、房奴、给力、奥特等，尤其在网络用语中这种词汇层出不穷。

（2）专有名词：指人名、地名和组织机构名这三类实体名称，再加上时间和数字表达。

（3）专业名词和研究领域名称：特定领域的专业名词和新出现的研究领域名称。

（4）其他专用名词：如新出现的产品名，电影、书籍等文艺作品的名称等。

常见的中文分词方法有两类，分别是基于规则的分词法和基于统计的分词法。

4．基于规则的分词法

基于规则的分词法主要思想是按照一定的策略将待分析的汉字串与一个"充分大的"机器词典中的词条进行匹配。若在词典中找到某个字符串，则匹配成功。该方法有三个要素，即分词词典、文本扫描顺序和匹配原则。基于规则的分词法中最常见的就是最大匹配算法和最短路径算法。

5．基于统计的分词法

随着大规模语料库的建立，统计机器学习方法的研究和发展，基于统计的中文分词方法渐渐成为主流方法。

把每个词看作由词的最小单位各个字组成的，如果相连的字在不同文本中出现的次数越多，就证明这相连的字很可能是一个词。因此我们可以利用字与字相邻出现的频率来反映成词的可靠度，统计语料中相邻共现的各个字的组合频率，当组合频率高于某个临界值时，便可认为此字组可能会构成一个词语。

10.2.3 jieba库与wordcloud库的使用

1. jieba 库简介

jieba是优秀的中文分词第三方库，使用pip安装后可以使用其对中文文本进行分词处理。它支持三种分词模式：

（1）精确模式：试图将句子最精确地切开，适合文本分析，单词无冗余。

（2）全模式：把句子中所有可以成词的词语都扫描出来，速度非常快，但是不能解决歧义，存在冗余。

（3）搜索引擎模式，在精确模式的基础上，对长词再次切分，提高召回率，适合用于搜索引擎分词。

同时还具有支持繁体分词、支持自定义词典等特点。

2. jieba 库安装

jieba库的安装可以通过pip命令来完成，命令格式如下：

```
pip install jieba
```

3. jieba 库分词

安装完jieba库后，对中文分词来说，jieba库只需要一行代码即可。

例10-1 精准模式分词

```
>>> import jieba
>>> jieba.lcut("江苏省计算机等级考试")
Building prefix dict from the default dictionary ...
Dumping model to file cache C:\Users\kszx\AppData\Local\Temp\jieba.cache
Loading model cost 0.858 seconds.
Prefix dict has been built successfully.
['江苏省', '计算机', '等级', '考试']
```

说明：jieba.lcut(s)是最常用的中文分词函数，用于精准模式，即将字符串分隔成等量的中文词组，返回结果是列表类型。

例10-2 全模式分词

```
>>> import jieba
>>> jieba.lcut("江苏省计算机等级考试Python科目", cut_all=True)
['江苏', '江苏省', '计算', '计算机', '算机', '等级', '考试', 'Python', '科目']
```

说明：jieba.lcut(s, cut_all = True)用于全模式，即将字符串的所有分词可能均列出来，返回结果是列表类型，冗余性最大。

例10-3 搜索引擎模式分词

```
>>> import jieba
>>> ls = jieba.lcut_for_search("江苏省计算机等级考试Python科目")
>>> print(ls)
['江苏', '江苏省', '计算', '算机', '计算机', '等级', '考试', 'Python', '科目']
```

说明：jieba.lcut_for_search(s)返回搜索引擎模式，该模式首先执行精确模式，然后再对其中长词进一步切分获得最终结果。搜索引擎模式更倾向于寻找短词语，这种方式具有一定冗余度，但冗余度相比全模式较少。

如果希望对文本准确分词,不产生冗余,可以选择jieba.lcut(s)函数,即精确模式。如果希望对文本分词更准确,不漏掉任何可能的分词结果,可选用全模式。

例10-4 增加新的单词

```
>>> import jieba
>>> jieba.lcut("江苏省计算机等级考试Python科目", cut_all=True)
['江苏', '江苏省', '计算', '计算机', '算机', '等级', '考试', 'Python', '科目']
>>> jieba.add_word("Python科目")
>>> jieba.lcut("江苏省计算机等级考试Python科目")
['江苏省', '计算机', '等级', '考试', 'Python科目']
```

说明:jieba.add_word()函数用来向jieba词库增加新的单词。

常见的jieba库函数见表10-1。

表10-1 jieba库函数

模式	函数	说明
精确模式	cut(s)	返回一个可迭代数据类型
	lcut(s)	返回一个列表类型(建议使用)
全模式	cut(s,cut_all=True)	输出s中所有可能的分词
	lcut(s,cut_all=True)	返回一个列表类型(建议使用)
搜索引擎模式	cut_for_search(s)	适合搜索引擎建立索引的分词结果
	lcut_for_search(s)	返回一个列表类型(建议使用)
自定义新词	add_word(w)	向分词词典中增加新词w

10.2.4 wordcloud库的使用

1. wordcloud 库简介

词云以词语为基本单元,根据其在文本中出现的频率设计不同大小以形成视觉上不同效果,形成"关键词云层"或"关键词渲染",从而使读者只要"一瞥"即可领略文本的主旨。图10-1展示了词云的效果。

图10-1 词云示意图

wordcloud 是优秀的词云展示第三方库，以词语为基本单位，通过图形可视化的方式，更加直观和艺术地展示文本。

2. wordcloud 库安装

wordcloud 库的安装可以通过 pip 命令完成，命令格式如下：

```
pip install wordcloud
```

3. wordcloud 库使用

wordcloud 库把词云当作一个 WordCloud 对象，wordcloud.WordCloud() 代表一个文本对应的词云。可以根据文本中词语出现的频率等参数绘制词云的形状、尺寸和颜色。

生成词云的常规方法是以 WordCloud 对象为基础，配置参数、加载文本、输出文件。

配置参数的基本方法为 w= wordcloud.WordCloud(< 参数 >)，配置参数的说明见表 10-2。

表10-2 配置参数说明

参　　数	描　　述
width	指定词云对象生成图片的宽度，默认值为400像素
height	指定词云对象生成图片的高度，默认值为200像素
min_font_size	指定词云中字体的最小字号，默认值为4号
max_font_size	指定词云中字体的最大字号，根据高度自动调节
font_step	指定词云中字体字号的步进间隔，默认值为1
font_path	指定字体文件的路径，默认值为None
max_words	指定词云显示的最大单词数量，默认值为200
stop_words	指定词云的排除词列表，即不显示的单词列表
mask	指定词云形状，默认值为长方形，需要引用imread()函数
background_color	指定词云图片的背景颜色，默认值为黑色

加载文本和输出词云图像的方法见表 10-3。

表10-3 词云生成基本方法

方　　法	描　　述
w.generate()	向WordCloud对象中加载文本
w.to_file(filename)	将词云输出为图像文件

例 10-5　词云的生成

```
import jieba
import wordcloud
from scipy.misc import imread
mask = imread("yun.png")                    # 读取图片数据到mask中
 f = open("文档.txt", "r", encoding="utf-8")
data = f.read()
f.close()
 ls = jieba.lcut(data)                      # 分词
 txt = " ".join(ls)                         # 将列表中的单词连接成一个字符串
w = wordcloud.WordCloud(mask=mask)          # 指定词云形状
```

```
w.generate(txt)
w.to_file("output.png")
```

说明：需要事先准备好 yun.png（生成词云的原始图片）和文档 .txt（分词的文本），然后运行代码即可生成 output.png（词云图片）。

10.3　网络爬虫

随着网络的迅速发展，如何高效地提取并利用信息，决定着解决问题的效率。搜索引擎作为辅助检索信息的工具已显得力不从心，为了高效获取指定信息需要定向抓取并分析网页资源，催生了"网络爬虫"一系列的应用。例如，自动登录网站，自动爬取指定内容的网页、图片、视频等。

Python 语言提供了很多爬取网页的函数库，包括 urllib、urllib2、urllib3、wget、scrapy、requests 等。对于爬取的网页内容，可以通过 BeautifulSoup 库及 re 库进行解析。实现爬虫功能的 Python 程序代码短小、简单，无须掌握复杂的网络通信方面的知识，非常适合非专业人员使用。

下面以 Python 的第三方 requests 库为例，介绍网页爬取方法，并利用 BeautifulSoup 库及 re 库（正则表达式）进行解析。

10.3.1　requests库

Python 的第三方 requests 库提供了比标准库 urllib 更简洁的网页内容的读取功能，是常见的网络爬虫工具之一。requests 库提供了 7 个主要方法，以实现与 HTML 网页进行交互，其中 request() 方法是基础方法，get()、head()、post()、put()、pathch()、delete() 方法均由其构造而成，方法及具体说明见表 10-4。

表10-4　Requests库的7个主要方法

方　　法	说　　明
requests.request()	基础方法，可构造以下各方法
requests.get()	获取HTML网页的方法，对应于HTTP的GET
requests.head()	获取HTML网页头信息的方法，对应于HTTP的HEAD
requests.post()	向HTML网页提交POST请求的方法，对应于HTTP的POST
requests.put()	向HTML网页提交PUT请求的方法，对应于HTTP的PUT
requests.pathch()	向HTML网页提交局部修改请求的方法，对应于HTTP的PATHCH
requests.delete()	向HTML网页提交删除请求的方法，对应于HTTP的DELETE

通过 requests 库的方法请求指定服务器的 URL 资源，请求成功后返回给客户机一个 Response 对象，如图 10-2 所示。

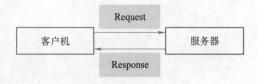

图10-2　网页爬取过程

通过 Response 对象的 status_code 属性检查是否成功，通过 text 属性获得爬取的网页源代码（文本乱码时，需要修改属性 encoding），通过 content 属性获得二进制形式的网页代码（如图片、视频网页）。Response 对象 r 的属性见表 10-5。

表10-5 Response对象的属性

属　　性	说　　明
r.status_code	HTTP请求的返回状态，200表示连接成功，404表示失败
r.text	HTTP请求的返回内容，即url对应页面HTML代码
r.encoding	猜测的页面HTML代码的编码方式
r.apparent_encoding	从页面内容中分析出的HTML代码的编码方式
r.content	HTTP请求的返回内容的二进制形式

Requests 库的详细使用方法，可以通过官网获取。

1. Requests 库安装及导入

在 Windows 操作系统命令提示窗口中（在 Anaconda 中已预装了 Requests 库），执行命令：

```
pip install requests
```

导入 Requests 库，执行语句：

```
>>>import requests
```

2. Requests 库的使用

网络爬虫主要使用 Requests 库的 get() 方法，其语法格式如下：

```
request.get(url, params=None, **kwargs)
```

其中，url 为网页地址，params 为 url 中额外的参数、字典等，**kwargs 为 12 个控制访问的参数。下面以爬取 http://www.baidu.com 网页内容为例，介绍 Requests 库的使用方法。

```
>>> import requests
>>> r=requests.get("http://www.baidu.com")      #爬取百度网页
>>> print(r.status_code)                        #状态码200表示爬取成功
200
>>> r.encoding=r.apparent_encoding              #设置字符编码为分析出的编码，否则汉字是乱码
>>> r.text[:500]
'<!DOCTYPE html>\r\n<!--STATUS OK--><html><head><meta http-equiv=content-type content=text/html;charset=utf-8><meta http-equiv=X-UA-Compatible content=IE=Edge><meta content=always name=referrer><link rel=stylesheet type=text/css href=http://s1.bdstatic.com/r/www/cache/bdorz/baidu.min.css><title>百度一下，你就知道</title></head><body link=#0000cc><div id=wrapper><div id=head><div class=head_wrapper><div class=s_form><div class=s_form_wrapper><div id=lg><img hidefocus=true src=//www.baidu.com/img/bd_'
```

3. Robots 协议

Robots 协议是网络爬虫协议，主要用于指导网络爬虫爬取规则，即哪些页面可以爬取，哪些页面不能爬取以及审查 User-Agent 的限制。网站通过发布 Robots 协议告知所有爬虫程序爬取规则，要求爬虫程序遵守，否则可能承担法律风险。

Robots 协议是网络爬虫排除标准，保存在网站根目录下的 robots.txt 文件中。在浏览器中输入百度网站 Robots 协议 http://www.baidu.com/robots.txt，显示如图 10-3 所示。

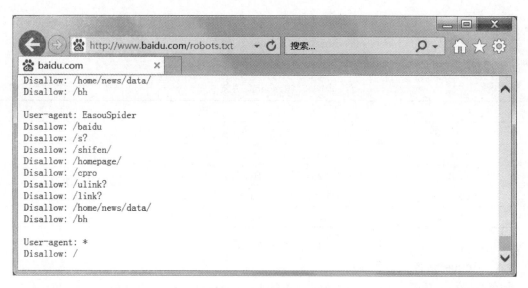

图10-3 百度robots协议

图中，User-agent：EasouSpider、Disallow:/baidu 表示搜索引擎 EasouSpider 不允许访问 /baidu 目录。User-agent：*，Disallow:/ 表示其他所有搜索引擎不允许访问网站根目录。

例 10-6 在 360 搜索网站，搜索"Python 程序设计基础"，返回网页文本 text。

在浏览器中输入 360 搜索网站：https://www.so.com/，并输入搜索关键词"Python 程序设计基础"，地址栏显示的内容为：https://www.so.com/s?q= Python 程序设计基础。表明 360 搜索关键词接口为：https://www.so.com/s?q=< 关键词 >。可以使用如下代码获取网页文本。

```
>>> import requests
>>>kv={'q':'Python 程序设计基础'}。
>>>url='https://www.so.com/s'
>>>r = requests.get(url,params=kv) # 相当于 url 为 https://www.so.com/s?q= Python 程序
设计基础
>>>r.encoding=r.apparent_encoding
>>>print(r.text)
```

例 10-7 读取并下载指定 URL 的图片文件。

使用 requests 库的 get() 函数读取指定 URL 的图片文件数据，然后将读取的数据按二进制写入本地图像文件。代码如下：

```
>>>import requests
>>>url='https://www.python.org/static/img/python-logo.png'
>>>r = requests.get(url)
>>>r.status_code
>>>with open('logo.png','wb') as fp:
    fp.write(r.content)
```

10.3.2 HTML格式

网页的源代码采用的是 HTML 格式，HTML 格式网页由标签树组成。https://python123.io/ws/demo.html 网页及网页的源代码如图 10-4 所示。

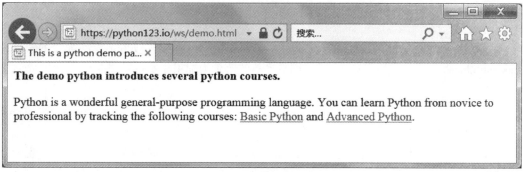

（a）网页示例

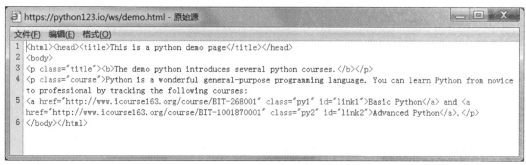

（b）网页源代码示例

图10-4　网页及其源代码

示例网页源代码标签树结构如下：

```
<html>
  <head>
    <title>This is a python demo page</title>
  </head>
  <body>
    <p class="title">
      <b>The demo python introduces several python courses.</b>
    </p>
    <p class="course">Python is a wonderful general-purpose programming language. You can learn Python from novice to professional by tracking the following courses:
        <a href="http://www.icourse163.org/course/BIT-268001" class="py1" id="link1">Basic Python</a> and
        <a href="http://www.icourse163.org/course/BIT-1001870001" class="py2" id="link2">Advanced Python</a>.
    </p>
  </body>
</html>
```

可以看出，代码中包含大量的标签，如 <html> 标签、<title> 标签、<p> 标签、<a> 标签等，标签可以嵌套。标签格式如下：

```
< 名称  属性  非属性字符串 / 注释  </ 名称 >
```

例如：

```
<p class="title">
```

```
        <b>The demo python introduces several python courses.</b>
    </p>
```

表示段落 <p> 标签,其属性 class="title",包含加粗 <b> 标签,段落字符串为"The demo python introduces several python courses.",网页显示的效果为加粗显示一段文本。

再如:

```
<a href="http://www.icourse163.org/course/BIT-1001870001" class="py2" id="link2">Advanced Python</a>
```

表示超链接 <a> 标签,其属性 href=http://www.icourse163.org/course/BIT-1001870001 表示超链接地址,class="py2" id="link2" 为其另两个属性,字符串 "Advanced Python" 表示超链接上显示的文本。

利用爬虫工具爬取的实际上是 HTML 网页的源代码,要获取其中的数据,需要对网页进行解析、遍历。BeautifulSoup 库及 re 正则表达式是 Python 中解决这类问题非常有效的工具。

10.3.3 BeautifulSoup库

BeautifulSoup 库是解析 HTML 或 XML 文档的工具,可以通过 BeautifulSoup 官网获取使用说明。

1. BeautifulSoup 库安装及导入

在 Windows 操作系统命令提示窗口中(在 Anaconda 中已预装了 Requests 库),执行命令:

```
pip install beautifulsoup4
```

导入 BeautifulSoup 库,执行语句:

```
>>>from bs4 import BeautifulSoup
```

创建解析 Html 的 BeautifulSoup 对象,执行语句:

```
>>>soup = BeautifulSoup("<html>data</html>", "html.parser")
```

其中,"<html>data</html>" 为 HTML 格式的字符串,更一般的是爬取的网页代码对象。

2. BeautifulSoup 库的使用

BeautifulSoup 将复杂 HTML 文档转换成一个复杂的树状结构,每个节点都是 Python 对象,所有对象可以归纳为 4 种:Tag、NavigableString、BeautifulSoup、Comment,见表 10-6。

表10-6 BeautifulSoup类的对象

对象	说明
Tag	标签,最基本的信息组织单元,分别用<>和</>标明开头和结尾。Tag有名字和属性,标签的名字<tag>.name,标签的属性<tag>.attrs,以字典形式表示
NavigableString	标签内非属性字符串,格式:<tag>.string
BeautifulSoup	表示一个文档的全部内容,可以把它当作 Tag 对象,它支持遍历文档树和搜索文档树中描述的大部分方法
Comment	标签内字符串的注释,一种特殊的Comment类型

任何标签内容都可以用"<BeautifulSoup 对象>.tag"形式访问或利用遍历文档树和搜索文档树的方法得到。下面以解析 https://python123.io/ws/demo.html 网页内容为例,介绍 BeautifulSoup 库的使用方法。

利用 requests 库爬取指定 URL 网页:

```
>>>url = 'https://python123.io/ws/demo.html'
>>>import requests
>>>from bs4 import BeautifulSoup
>>>r = request.get(url)
```

利用 BeautifulSoup 库建立 soup 对象，并获取标签名称、属性及文本内容：

```
>>> soup= BeautifulSoup(r.text,"html.parser")
>>> soup.title                           # 访问标题标签
<title>This is a python demo page</title>
>>> soup.a.name                          # 访问第一个超链接标签的名称
'a'
>>> soup.a.parent.name                   # 访问第一个超链接标签的上级标签的名称
'p'
>>> soup.a.parent.parent.name            # 访问第一个超链接标签的上级的上级标签的名称
'body'
>>> atag=soup.a                          # 访问第一个超链接标签
>>> atag
<a class="py1" href="http://www.icourse163.org/course/BIT-268001" id="link1">
Basic Python</a>
>>> atag.name                            # 访问第一个超链接标签的名称
'a'
>>> atag.attrs                           # 多个属性,字典类型
{'href': 'http://www.icourse163.org/course/BIT-268001', 'class': ['py1'], 'id': 'link1'}
>>> atag.attrs['class']
['py1']
>>> atag.attrs['href']                   # 获取超链接地址
'http://www.icourse163.org/course/BIT-268001'
>>> type(atag)                           # 数据类型,BeautifulSoup 对象的标签类型
<class 'bs4.element.Tag'>
>>> atag.string                          # 获取标签内非属性字符串
'Basic Python'
>>> type(atag.string)                    # 标签的 NavigableString 对象
<class 'bs4.element.NavigableString'>
>>> soup.p
<p class="title"><b>The demo python introduces several python courses.</b></p>
>>> soup.p.string
'The demo python introduces several python courses.'
>>> type(soup.p.string)
<class 'bs4.element.NavigableString'>
```

利用 BeautifulSoup 库可以遍历 HTML 的所有标签，还可以通过 find()、find_all() 方法快速查找指定标签及其内容：

```
>>> soup.find('a')                       # 获取 HTML 中第一个超链接标签
<a class="py1" href="http://www.icourse163.org/course/BIT-268001" id="link1">
Basic Python</a>
>>> soup.find_all('a')                   # 获取 HTML 中所有超链接标签列表
[<a class="py1" href="http://www.icourse163.org/course/BIT-268001" id= "link1">
Basic Python</a>, <a class="py2" href="http://www.icourse163.org/course/BIT-
1001870001" id="link2">Advanced Python</a>]
>>> for link in soup.find_all('a'):      # 遍历 HTML 中所有超链接,输出 URL 地址
```

```
            print(link.get('href'))
```

http://www.icourse163.org/course/BIT-268001
http://www.icourse163.org/course/BIT-1001870001

10.3.4 正则表达式

1. 正则表达式简介

在进行字符串处理或搜索网页源代码时，常常需要查找某一规则（模式）的字符串，正则表达式就是用来描述这些规则的工具。

如要检索"PN""PYN""PYTN""PYTHN""PYTHON"这类字符串，可以用正则表达式P(Y|YT|YTH|YTHO)?N 来表示。检索以"PY"开头后续存在不多于 10 个字符且不能是"P""Y"的字符串，可以用正则表达式 PY[^PY]{0,10} 来表示。正则表达式常用操作符见表 10-7。

表10-7 正则表达式常用操作符

操作符	说明	实例
.	表示任意单个字符	
[ ]	字符集，对单个字符给出取值范围	[abc]表示a、b、c，[a-z]表示a到z之间单个字符
[^]	非字符集，对单个字符给出排除范围	[^abc]表示非a或b或c的字符
*	前一个字符0次或无限次扩张	abc*表示ab、abc、abcc、abccc等
+	前一个字符1次或无限次扩张	abc+表示abc、abcc、abccc等
?	前一个字符0次或1次扩张	abc? 表示ab、abc
|	左右字符串任意一个	abc|def表示abc或def
{m}	扩张前一个字符m次	ab{2}c表示abbc
{m,n}	扩张前一个字符m至n次（含n）	ab{1,2}c表示abc或abbc
^	匹配字符串开头	^abc表示abc且在一个字符串的开头
$	匹配字符串尾部	abc$表示abc且在一个字符串的结尾
( )	分组标记，内部只能使用 | 操作符	(abc)表示abc，(abc|def)表示abc或def
\d	数字，等价于[0-9]	
\w	单个字符，等价于[A-Za-z0-9]	

正则表达式实例：

正则表达式	对应字符串
^[A-Za-z]+$	由 26 个字母组成的字符串
^[A-Za-z0-9]+$	由 26 个字母和数字组成的字符串
^-?\d+$	整数形式的字符串
^[0-9]*[1-9][0-9]*$	正整数形式的字符串
PY{:3}N	"PN""PYN""PYYN""PYYYN"

2. 正则表达式的使用

正则表达式 re 是 Python 的标准库，主要用于字符串匹配。有 findall()、search()、match()、split() 等函数。使用最多的是 findall() 函数，其使用格式为：

re.findall(pattern,string)

它匹配字符串 string 中满足模式 pattern 的字符串，返回一个列表。pattern 是正则表达式，可以是原生字符串类型。例如：

```
re.findall(r'PY{1,3}N','PYYYNPYN')          # 输出 ['PYYYN', 'PYN']
```

或经过 compile() 函数编译成的实例。例如：

```
pattern=re.compile('PY{1,3}N')
re.findall(pattern,'PYYYNPYN')              # 输出 ['PYYYN', 'PYN']
```

使用编译成的实例，能提高 findall() 函数的执行效率。re 库默认采用贪婪匹配，即输出匹配最长的字串。

例 10-8 给定一段网络爬取的文本 text，利用正则表达式提取商品名称及价格。

```
>>>import re
>>> text='''
"raw_title":" 时尚老花双肩包女简约旅行书包防水女士 ", "view_price":"969.00",
"raw_title":"FION/ 菲安妮老花双肩包旅行包 女士印花背包青年防水时尚书包小包","view_price":"399.00"
"raw_title":"fion 菲安妮 达利兔老花双肩包 女 2021 时尚","view_price":"998.00"
'''
>>> plt=re.findall(r'\"view_price\"\:\"[\d\.]*\"',text)    # 提取商品名称列表
>>> tlt=re.findall(r'\"raw_title\"\:\".*?\"',text)          # 提取商品价格列表
>>> for i in range(len(plt)):
        print(tlt[i].split(':')[1]," 价格 ",eval(plt[i].split(":")[1]))
```

例 10-9 给定一段网络爬取的文本 text，利用正则表达式提取用户评分。

```
>>>import re
>>>from bs4 import BeautifulSoup
>>> text='''
    <span class="comment-info">
        <a href="https://www.douban.com/people/qianlishuitiany/">菱夏 </a>
          <span class="user-stars allstar30 rating" title=" 还行 "></span>
        <span class="comment-time">2015-09-23</span>
    </span>
    <span class="comment-info">
        <a href="https://www.douban.com/people/mayday816/"> 萌塔 C-137</a>
          <span class="user-stars allstar50 rating" title=" 力荐 "></span>
        <span class="comment-time">2010-04-29</span>
    </span>
    <span class="comment-info">
        <a href="https://www.douban.com/people/tomienn_9crimes/"> 蛇 </a>
          <span class="user-stars allstar40 rating" title=" 推荐 "></span>
        <span class="comment-time">2009-11-25</span>
    </span>
'''
>>> soup= BeautifulSoup(text,"html.parser")
>>> pattern=re.compile('<span class="user-stars allstar(.*?) rating"')
>>> score=re.findall(pattern,text)  # 按 pattern 模式匹配整个字符串，只提取 ( ) 中部分字符
>>> user=[]
```

```
>>> for tag in soup.find_all('a'):   #遍历所有超链接标签
        user.append(tag.string)      #取超链接标签中的用户名
>>> dict(zip(user,score))
{'菱夏': '30', '萌塔 C-137': '50', '蛇': '40'}
```

10.4 分类的应用

字典中分类的解释是按照种类、等级或性质分别归类。例如，地球上数以千万计的生物，科学家将其分为植物、动物、细菌、真菌、古细菌和病毒。分类可以使大量繁杂的材料条理化、系统化，有利于发现和掌握事物发展的普遍规律，为人们认识具体事物提供向导。

分类是机器学习中的一个基本问题，被广泛应用于人工智能的各个领域。如图像识别、语音识别、欺诈检测、异常行为检测、医疗诊断、光学字符识别等。

10.4.1 分类介绍

在机器学习中，分类就是将数据分到已知的类别中。换句话说，就是将数据打上某种已知的标签。比如一个篮子里面有很多橙子和苹果，那么橙子和苹果就是已知的类别或者标签。分类就是将水果打上橙子或者苹果的标签。通常我们会用一些值来描述一个物体，这些值称为"特征"。如果用颜色和质量作为特征来描述一个水果，这个水果就可以被定义为一个特征向量，如 [红色，0.2 千克]。机器学习中的分类算法就是要让算法学会如何对给定的数据自动判定其类别。若要让机器自动学习这种规则，就需要一定量带标签的已知数据。所以分类算法往往需要带标签的数据，它是一个监督学习的过程。而聚类使用的是不带标签的数据，属于非监督学习。

根据目标变量的取值范围，可以将其分为标称型和数值型两种。标称型目标变量的结果只在有限目标集中取值，如真与假。数值型目标变量则可以从无限的数值集合中取值，如 0.100、42.001 等。标称型目标变量主要用于分类，数值型目标变量主要用于回归分析。

10.4.2 分类算法

下面介绍几种常见的分类方法，包括最近邻算法 KNN（K 近邻）、决策树、朴素贝叶斯和支持向量机。

1．K 近邻

K 近邻算法的思路非常简单直观：如果一个样本在特征空间中的 K 个最相似（即特征空间中最邻近）的样本中的大多数属于某一个类别，则该样本也属于这个类别。该方法只依据最邻近的一个或者几个样本的类别来决定待分类样本所属的类别。

K 近邻算法采用测量不同特征值之间的距离方法进行分类，即给定一个训练数据集，对新的输入实例，在训练数据集中找到与该实例最邻近的 K 个实例，这 K 个实例的多数属于某个类，就把该输入实例分类到这个类中。该算法精度高、对异常值不敏感、无数据输入假定，但是计算复杂度高、空间复杂度高，适用于数值型和标称型数据。

2．决策树

决策树是一种非参数的监督学习方法，即没有固定的参数，对数据进行分类或回归学习。它能够从一系列有特征和标签的数据中总结出决策规则，并用树状图的结构来呈现这些规则，以解决分类和回归问题。决策树中每个内部节点表示一个属性上的判断，每个分支代表一个判断结果的输出，最后每个叶节点代表一种分类结果。决策树的目标是从已知数据中学习得到一套规则，能够通过简单的规则判断，对未知数据进行预测。该算法计算复杂度不高，输出结果易于理解，对中间值的缺失不敏感，可以处理不相关特征数据，但是可能会产生过度匹配问题，适用于数值型和标称型数据。

3．朴素贝叶斯

朴素贝叶斯是基于贝叶斯定理和特征条件独立假设的分类方法，它通过特征计算分类的概率，选取概率大的情况进行分类。

贝叶斯方法是以贝叶斯原理为基础，使用概率统计的知识对样本数据集进行分类。由于其有着坚实的数学基础，贝叶斯分类算法的误判率是很低的。贝叶斯方法的特点是结合先验概率和后验概率，即避免了只使用先验概率的主观偏见，也避免了单独使用样本信息的过拟合现象。贝叶斯分类算法在数据集较大的情况下表现出较高的准确率，同时算法本身也比较简单。

朴素贝叶斯方法是在贝叶斯算法的基础上进行了相应的简化，即假设给定目标值时属性之间相互条件独立。也就是说没有哪个属性变量对于决策结果来说占有较大的比重，也没有哪个属性变量对于决策结果占有较小的比重。虽然这个简化方式在一定程度上降低了贝叶斯分类算法的分类效果，但是在实际的应用场景中，极大地简化了贝叶斯方法的复杂性。该算法在数据较少的情况下依然有效，可以处理多类别问题。但是该算法对于输入数据的准备方式较为敏感，只适用于数值型数据。

4．支持向量机

支持向量机是一类按监督学习方式对数据进行二元分类的广义线性分类器，其决策边界是对训练样本求解的最大边距超平面，可以将问题化为一个求解凸二次规划的问题。支持向量机是一种十分常见的分类器，核心思路是通过构造超平面将数据进行分离。具体来说就是在线性可分时，在原空间寻找两类样本的最优分类超平面。在线性不可分时，加入松弛变量并通过使用非线性映射将低维度输入空间的样本映射到高维度空间使其变为线性可分，这样就可以在该特征空间中寻找最优分类超平面。该算法计算代价不高，易于理解和实现。但是容易欠拟合，分类精度可能不高，适用于数值型和标称型数据。

10.4.3　分类算法应用

这里通过 MNIST 手写数字识别和 Iris 鸢尾花识别两个分类实验案例，探讨分类器参数设置对性能的影响以及不同类型分类方法的特点。MNIST 手写数字数据集来源于美国国家标准与技术研究所，是著名的公开数据集之一。数据集中的数字图像是由 250 个不同职业的人纯手写绘制，其中 50% 是高中学生，50% 来自人口普查局的工作人员。数据集的获取地址为：http://yann.lecun.com/exdb/mnist/。Iris 数据集是由 Fisher 收集整理的常用分类实验数据集。Iris 又称鸢尾花卉数据集，数据集包含 150 个数据样本，分为 3 类，每类 50 个数据，每个数据包含 4 个属性。

例 10-10　MNIST 手写数字识别。

手写识别是常见的图像识别任务。计算机通过手写体图像来识别出图像中的字，与印刷字体不同的是，不同人的手写体风格迥异，大小不一，增加了计算机对手写识别任务的难度。

手写数字体识别由于其有限的类别成为相对简单的手写识别任务。手写数字识别是一个多分类问题,共有 10 个分类,每个手写数字图像的类别标签是 0~9 中的一个数。

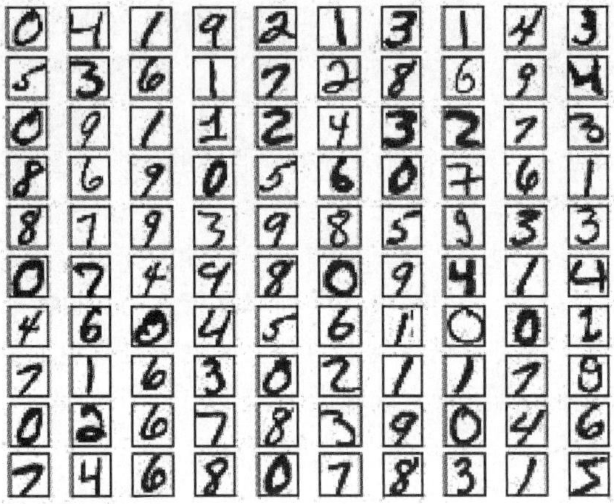

图10-5 部分手写数字图像样例

本实验利用 Python 中的 sklearn 库训练一个 K 近邻分类器实现手写数字体的分类。在 sklearn 库中,可以使用 sklearn.neighbors.KNeighborsClassifier 创建一个 K 近邻分类器,主要参数有:

n_neighbors:用于指定分类器中近邻个数 K 的大小。

weights:设置选中的 K 个点对分类结果影响的权重(默认值为平均权重"uniform",可以选择"distance"代表越近的点权重越高,或者传入自己编写的以距离为参数的权重计算函数)。

```
import numpy as np                          # 导入 numpy 工具包
from os import listdir                      # 使用 listdir 模块,用于访问本地文件
from sklearn import neighbors

def im2v(fileName):
    v = np.zeros([1024],int)                # 定义返回的矩阵,大小为 1×1024
    f = open(fileName)                      # 打开包含 32×32 大小的数字文件
    lines = f.readlines()                   # 读取文件的所有行
    for i in range(32):                     # 遍历文件所有行
        for j in range(32):                 # 将 01 数字存放在 v 中
            v[i*32+j] = lines[i][j]
    return v

def readDigital(path):
    fileList = listdir(path)                # 获取文件夹下的所有文件
    num = len(fileList)                     # 统计需要读取的文件的数目
    dataSet = np.zeros([num,1024],int)      # 用于存放所有的数字文件
    hwLabels = np.zeros([num])              # 用于存放对应的标签(与神经网络的不同)
    for i in range(num):                    # 遍历所有文件
        filePath = fileList[i]              # 获取文件名称/路径
        digit = int(filePath.split('_')[0]) # 通过文件名获取标签
        hwLabels[i] = digit                 # 直接存放数字,并非 one-hot 向量
        dataSet[i] = im2v(path +'/'+filePath) # 读取文件内容
```

```
        return dataSet,hwLabels

# 读取训练集
trainSet, train_Labels = readDigital('trainingDigits')
knn = neighbors.KNeighborsClassifier(algorithm='kd_tree', n_neighbors=3)
knn.fit(trainSet, train_Labels)

# 读取测试集
testSet,test_Labels = readDigital('testDigits')

res = knn.predict(testSet)                    # 对测试集进行预测
error_num = np.sum(res != test_Labels)        # 统计分类错误的数目
num = len(testSet)                            # 测试集的数目
print("Total num:",num," Wrong num:", \
      error_num," WrongRate:",error_num / float(num))
```

近邻数量 K 影响分析：设置 K 近邻分类器中近邻数量 K 为 1、3、5、7，对比实验效果见表 10-8。

表10-8 近邻数量K对分类结果的影响

近邻数量K	1	3	5	7
误分类数量	12	10	19	24
正确率	0.9876	0.9894	0.9799	0.9746

从表中可以看出，K=3 时正确率最高，当 K>3 时正确率开始下降。这是由于当数据集中样本较少时（本实例只有 946 个样本），其第 K 个近邻点可能与测试点距离较远，类别也不一致，因此投出了错误的一票，进而影响了最终预测结果。

例 10-11 Iris 数据集比较多种分类算法。

在本次任务中，通过花萼长度（Sepal Length）、花萼宽度（Sepal Width）、花瓣长度（Petal Length）、花瓣宽度（Petal Width）四个属性对鸢尾花进行分类，三个类别标签为山鸢尾（Setosa）、变色鸢尾（Versicolor）、维吉尼亚鸢尾（Virginica），在数据集中分别用标签 0、1、2 表示。

下面使用四种分类算法在 Iris 数据集上做分类实验，代码如下：

```
from pyexpat import model
import pandas as pd
import numpy as np
import matplotlib.pyplot as plt
from sklearn.datasets import make_classification,load_iris
from sklearn.model_selection import train_test_split
from sklearn.neighbors import KNeighborsClassifier
from sklearn.naive_bayes import GaussianNB
import sklearn.linear_model as lm
from sklearn import tree
def train_test(model,data,flag):
    X_train, X_test, y_train, y_test = data
    model.fit(X_train, y_train)                      # 训练
    score = model.score(X_test, y_test)              # 评分
    print(f"{flag}:{score}")
```

```python
iris = load_iris()                                          # 加载iris数据集
iris_x = iris.data
iris_y = iris.target
data = train_test_split(iris_x, iris_y, random_state=0)     # 划分训练集测试集
clf = KNeighborsClassifier(n_neighbors=3)                   # 定义K近邻模型
train_test(clf,data,"k近邻")
clf = GaussianNB()                                          # 定义高斯贝叶斯模型
train_test(clf,data,"高斯贝叶斯")
clf = lm.LogisticRegression(solver="liblinear", C=2)        # 逻辑回归
train_test(clf,data,"逻辑回归")
clf = tree.DecisionTreeClassifier(criterion='gini',
                                   max_depth=None,
                                   min_samples_leaf=1,
                                   ccp_alpha=0.0)
# 定义决策树模型
train_test(clf,data,"决策树")
```

最终四种分类方法的正确率见表10-9。

表10-9 四种分类方法在Iris数据集上的分类准确率

分类器	K近邻	高斯贝叶斯	逻辑回归	决策树
正确率	0.9737	1.0	0.9210	0.9737

10.5 聚类的应用

俗话说："物以类聚，人以群分。"在自然科学和社会科学中，存在着大量的聚类问题。聚类是将集合中的对象划分到多个簇中的过程。这些对象与同一个簇中的对象彼此相似，与其他簇中的对象不同。

聚类用途广泛。在商务上，市场分析人员通过聚类从客户基本库中发现不同的客户群，并且用购买模式和消费习惯来刻画不同客户群的特征。在生物学研究中，生物学家通过聚类推导出植物和动物的类别，对基因进行分类，获得对种群中固有结构的认识。关于地球观测数据库中相似地区的确定、汽车保险单持有者的分组以及根据房屋类型、价值和地理位置对一个城市中房屋的分组等方面，聚类也可以发挥作用。

本节以机器学习和统计学习中常用的鸢尾花聚类应用为例进行讲解。

10.5.1 鸢尾花数据集

鸢尾花是鸢尾属植物，是对一族草本开花植物的统称。这种花是由6个花瓣状的叶片构成的包膜，3个或6个雄蕊和由花蒂包着的子房组成。香气淡雅，可以调制香水。通常分布于日本、中国中部、西伯利亚、法国和几乎整个温带世界。鸢尾花是法国国花。Sklearn机器学习包中有自带的鸢尾花数据集（Iris），该数据集是常用的机器学习分类和聚类算法实验数据集，主要有山鸢尾（Setosa）、变色鸢尾（Versicolor）和维吉尼亚鸢尾（Virginica）三个品种，如图10-6(a) ~ (c) 所示。为了充分辨认数据集中每朵花对应的种类，需要对获得的鸢尾花数据进行聚类。关于数据特征提取，如图10-6(d) 所示，该数据集以厘米为单位测量了数据集中每朵花的花瓣长度（Petal Length）、花瓣宽度（Petal Width）、花萼长度（Sepal Length）和花萼宽度（Sepal Width），在这四种特征维度下对鸢尾花数据进行数据收集。

（a）山鸢尾　　　　（b）变色鸢尾　　　　（c）维吉尼亚鸢尾　　　（d）鸢尾花简化结构

图10-6　鸢尾花图片

鸢尾花数据集共有 150 个样本，为了便于展示，这里针对每个类别随机抽取 5 个鸢尾花数据样本进行详细的数据展示，见表 10-10。其中，第 1 列表示样本下标，第 2～5 列表示 4 种特征，最后一列表示样本对应的标签，每一行代表一个鸢尾花样本。

表10-10　鸢尾花数据集（随机抽取15个样本）

序号	花萼长度	花萼宽度	花瓣长度	花瓣宽度	类别
1	5.1	3.5	1.4	0.2	0
2	4.9	3	1.4	0.2	0
3	4.7	3.2	1.3	0.2	0
4	4.6	3.1	1.5	0.2	0
5	5	3.6	1.4	0.2	0
6	5.9	3.2	4.8	1.8	1
7	6.1	2.8	4	1.3	1
8	6.3	2.5	4.9	1.5	1
9	6.1	2.8	4.7	1.2	1
10	6.1	2.8	4.7	1.2	1
11	7.7	2.6	6.9	2.3	2
12	6	2.2	5	1.5	2
13	6.9	3.2	5.7	2.3	2
14	5.6	2.8	4.9	2	2
15	7.4	2.8	6.1	1.9	2
…	…	…	…	…	…

10.5.2　K-Means聚类算法介绍

K-Means 是最常见的聚类算法，该方法是基于划分的方法之一。K-Means 聚类尝试让簇内相似度提高，簇间的相似度降低，从而实现将 N 个样本划分为 K 个聚类簇的聚类过程。具体处理步骤如下：

步骤 1：随机选择 k 个点作为初始的聚类中心点。
步骤 2：对于剩下点，根据到聚类中心点的距离，将其归入最近的聚类中心簇。
步骤 3：对每个簇，计算当前所有点的均值作为新的聚类中心。
步骤 4：重复步骤 2、3，直到聚类中心不再发生变化。

如图10-7所示,假设聚类簇为2,经过2轮迭代后基本可以获得有明显区分度的簇。首先,随机选择一个点作为每个簇的初始聚类中心。然后,第1轮计算每个样本到所有聚类中心的距离,将样本归入距离最近的簇中。此时,由于簇中样本发生变化,该簇的聚类中心也进行相应的更新。接下来,第2轮计算每个样本到所有聚类中心的距离,将样本归入距离最近的簇中。此时再次计算所有簇的聚类中心,发现聚类中心不再发生变化,于是得到最终的聚类结果。

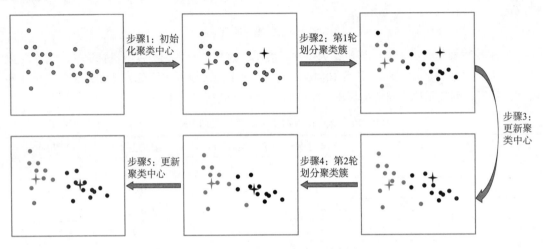

图10-7　K-Means聚类过程示意图

10.5.3　调用sklearn相关包实现鸢尾花聚类

Python中通过K-Means类实现聚类。K-Means聚类算法的主要配置是"n_clusters",即聚类簇的个数。基本实现过程如下:

1. 建立工程,导入 sklearn.cluster.KMeans 包

```
import numpy as np
from sklearn.cluster import KMeans
```

Numpy是Python语言的一个扩充程序库,可以支持高级大量的维度数组与矩阵运算。使用sklearn.cluster.KMeans算法可以进行聚类任务。KMeans调用的基本格式为:model = KMeans(n_clusters=NUM_CLUSTER, max_iter=MAX_ITERATION)。n_clusters为指定的聚类中心个数;max_iter为最大迭代次数。一般只要给出聚类个数 n_clusters 即可,初始化默认为k-means++,max_iter 的默认值为 300。其他参数有 data(加载的数据)、label(聚类后各数据所属的标签)、fit_predict(计算簇中心并为簇分配序号)。

2. 加载鸢尾花数据集并进行可视化

加载 Python 自带的鸢尾花数据集(Iris),并进行可视化实验。由于可视化需要二维数据,这里分别取花萼长度(Sepal Length)和花萼宽度(Sepal Width)两维特征进行展示。

```
import matplotlib.pyplot as plt
from sklearn.datasets import load_iris
from matplotlib import pyplot
# 加载 Python 自带的鸢尾花数据集
iris = load_iris()                          # 鸢尾花数据集有150个样本,维度为4
```

```
X = iris.data[:,2:]                    # 只选用鸢尾花数据集的最后 2 维特征
# 作图展示
plt.scatter(X[:,0],X[:,1], c = 'red', marker='o', label ='see')
plt.xlabel('petal length')
plt.ylabel('petal width')
plt.legend(loc = 2)
plt.show()
```

运行结果如图 10-8 所示。

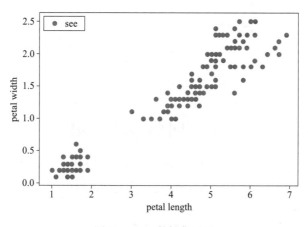

图10-8　Iris数据集展示

3. 训练 K-Means 模型获得标签，并展示聚类结果

```
# KMeans 过程
estimator=KMeans(n_clusters=3)         # 调用 K-Means 算法
estimator.fit(X)                       # 优化器
label_pred=estimator.labels_           # 获得预测标签
# 作图展示
x0 = X[label_pred == 0]                # 聚类标签为 0 的样本
x1 = X[label_pred == 1]                # 聚类标签为 1 的样本
x2 = X[label_pred == 2]                # 聚类标签为 2 的样本
plt.scatter(x0[:,0],x0[:,1], c = "red", marker='o', label='label0')
plt.scatter(x1[:,0],x1[:,1], c = "green", marker='*', label='label1')
plt.scatter(x2[:,0],x2[:,1], c = "blue", marker='+', label='label2')
plt.xlabel('petal length')
plt.ylabel('petal width')
plt.legend(loc=2)
plt.show()
```

K-Means 算法通常用于维数、数值都很小且连续的数据。通过鸢尾花数据集的聚类实验可以观察到，利用 K-Means 方法可以很好地实现聚类，如图 10-9 所示。在具体应用中，聚类场景随处可见，例如文档分类、旅行商问题、犯罪地点识别、客户分类、球队状态分析、保险欺诈检测、乘车数据分析、通话记录分析预测以及自动化聚类等。更进一步地，聚类既能作为一个单独过程，用于寻找数据内在分布结构，也可以作为其他任务的前驱。针对无标签数据的学习也可以利用聚类方法解释其内在性质和规律，为进一步的数据分析提供良好基础。因而，聚类是数据分析任务中非常重要的步骤。

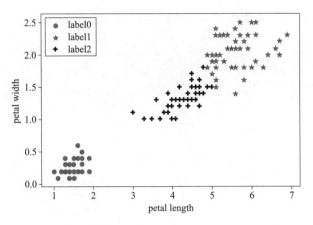

图10-9 Iris数据集聚类后可视化

10.6 回归分析应用

回归分析（regression analysis）指的是确定两种或两种以上变量间相互依赖定量关系的一种统计分析方法。按照自变量和因变量之间的关系类型，可分为线性回归分析和非线性回归分析。

线性回归（linear regression）是一种在数据分析中常见的研究影响因素间相互关系的方法。如果回归分析中，只包括一个自变量和一个因变量，且二者的关系可用一条直线近似表示，这种回归分析称为一元线性回归分析。如果回归分析中包括两个或两个以上的自变量，且因变量和自变量之间是线性关系，则称为多元线性回归分析。

非线性回归则不然，回归模型的因变量是自变量的一次以上函数形式，回归规律在图形上表现为形态各异的各种曲线或者曲面，而非一条直线。

本节先从一元线性回归模型入手，分析学习时间和学习成绩之间的关系，让读者了解回归分析的基本方法。然后建立多元线性回归模型来预测房价，最后根据均方根误差指标（root mean squared error，RMSE）来判断线性回归分析的效果。

10.6.1 一元线性回归分析

$$y = ax + b$$

通过调整参数 a 和 b 的值，来拟合自变量 x 和因变量 y 的线性关系。

利用 Python 实现的分析步骤如图 10-10 所示。

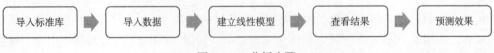

图10-10 分析步骤

学生学习时间越长，考试成绩越高吗？如果连续学习时间有 65 分钟，预测成绩是多少？可用一元线性回归方法来分析。数据文件 data.csv 中记录的是学生连续学习时间和考试成绩。第一列，自变量 x 表示学生学习时间；第二列，因变量 y 表示学生考试成绩，共有 30 条记录，见表 10-11。

表10-11　data.csv文件

学习时间	成绩	学习时间	成绩	学习时间	成绩
23	32	44	62	55	78
33	42	52	65	52	80
42	52	45	68	56	81
39	55	53	68	61	81
46	62	52	71	54	82
47	57	47	72	62	83
39	59	48	75	66	88
39	60	52	75	60	87
45	61	58	75	60	90
49	61	59	75	65	92

代码如下：

```
#1.导入标准库
import numpy as np
import matplotlib.pyplot as plt
from sklearn.linear_model import LinearRegression
#2.导入数据文件
points=np.genfromtxt('data.csv',delimiter=',')
x=points[:,0]     #第一列学习时间存入 x
y=points[:,1]     #第二列考试成绩存入 y
x=x.reshape(-1, 1)
#3.建立线性模型
model = LinearRegression()
model.fit(x,y)
#4.查看结果
r_sq = model.score(x, y)
print('皮尔逊判定系数r:', r_sq)
print('系数a:', model.coef_)
print('截距b:', model.intercept_)
```

运行结果：

```
皮尔逊相关系数r: 0.8672771197129455
系数a: [1.35016469]
截距b: 1.9900821659970518
```

皮尔逊相关系数r是反映连续变量之间线性相关强度的一个度量指标。r的值为0.867，在0.8和1之间，说明学习时间和考试成绩这两个变量具有高度线性相关，可以用一元线性回归模型来拟合。r越接近1，回归模型拟合效果越好。

拟合出来的公式为：

$$y = 1.35x + 1.99$$

```
#5.预测效果
y_predict = model.predict(x)        #绘制图像
plt.scatter(x,y)
plt.plot(x,y_predict,'r')
```

```
plt.legend(['y_predict','y'])
plt.xlabel('x')
plt.ylabel('y')
plt.title('PredictResult')
plt.show()
```

运行结果如图 10-11 所示。

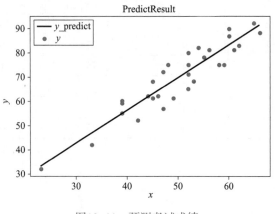

图10-11　预测考试成绩

```
y_predict = 1.35*65+1.99
print("根据生成的预测模型,坚持学习 65 小时,成绩应为 ",round(y_predict,2), "分")
```

运行结果：

根据生成的预测模型,坚持学习 65 小时,成绩应为 89.74 分

但由于数据量较少，用这样简单的方法，预测的效果无法得到验证。所以要获得一个预测效果较好的模型，还需要做更深入的研究。

10.6.2　多元线性回归分析

1. 多元线性回归

多元线性回归比一元线性回归复杂，通常包含两个或两个以上的自变量，且因变量和自变量之间是线性关系，一般用以下数学公式表示。例如，房价的预测分析就可以采用多元线性回归方法来实现。

$$\hat{y} = X_b \cdot \theta$$

其中，$X_b = \begin{pmatrix} 1 & X_1^{(1)} & X_2^{(1)} & \cdots & X_n^{(1)} \\ 1 & X_1^{(2)} & X_2^{(2)} & \cdots & X_n^{(2)} \\ \vdots & & & & \vdots \\ 1 & X_1^{(m)} & X_2^{(m)} & \cdots & X_n^{(m)} \end{pmatrix}$　$\theta = \begin{pmatrix} \theta_0 \\ \theta_1 \\ \theta_2 \\ \cdots \\ \theta_n \end{pmatrix}$

分析的目的是找到一组 θ，使得函数 $(y - X_b \cdot \theta)^T (y - X_b \cdot \theta)$ 尽可能小。通过推演，可以得出 $\theta = (X_b^T X_b)^{-1} X_b^T y$。可以用 Python 中 sklearn 模块的线性回归程序包 LinearRegression 计算出这个结果。

2. 波士顿房价数据集（Boston house prices dataset）

投资房产通常需要较大的资金量，且流动性较差，但由于房产具有较强的抗通胀性，近几年成为家庭投资的热点。购房者一般会通过比较同等品质房屋的价格来判断购买行为是否划算。影响房价的因素包括两类：环境因素和自身因素。

例如，到就业中心的距离、是否容易上高速路、城镇人均犯罪率等因素就属于环境因素，房间数、房屋年龄、税率等因素则属于自身因素。在波士顿房价数据集中，这些因素通过13个指标来体现。波士斯顿房价数据集统计的是20世纪70年代中期波士顿郊区房价的中位数，数据集中一共有506个样本，每个样本都包含13个特征指标（见表10-12）和实际房价（MEDV）。可以根据这些数据，建立回归模型，利用Python对新房子的价格进行预测。

表10-12 指标及含义

标签	含义	标签	含义
CRIM	城镇人均犯罪率	DIS	到就业中心的距离
ZN	住宅用地比例	RAD	是否容易上高速路
INDUS	非商业用地所占比例	TAX	税率
CHAS	是否在河边	PTRATIO	师生比例
NOX	一氧化氮浓度	B	人群比例
RM	房间数	LSTAT	低收入人群比例
AGE	房屋年龄		

3. 源代码

```
#1.导入标准库
import numpy as np
import pandas as pd
import matplotlib.pyplot as plt
import seaborn as sns
#2.导入数据
df=pd.read_csv("boston_house_prices.csv")
df.head()    # 查看所有指标以及前五条记录
```

运行结果：

	CRIM	ZN	INDUS	CHAS	NOX	RM	AGE	DIS	RAD	TAX	PTRATIO	B	LSTAT	MEDV
0	0.00632	18.0	2.31	0	0.538	6.575	65.2	4.0900	1	296	15.3	396.90	4.98	24.0
1	0.02731	0.0	7.07	0	0.469	6.421	78.9	4.9671	2	242	17.8	396.90	9.14	21.6
2	0.02729	0.0	7.07	0	0.469	7.185	61.1	4.9671	2	242	17.8	392.83	4.03	34.7
3	0.03237	0.0	2.18	0	0.458	6.998	45.8	6.0622	3	222	18.7	394.63	2.94	33.4
4	0.06905	0.0	2.18	0	0.458	7.147	54.2	6.0622	3	222	18.7	396.90	5.33	36.2

```
#3.绘制相关系数热力图
corr = df.corr()                                         # 计算相关系数
plt.figure(figsize = (20, 20))
sns.heatmap(corr, vmin = -1, vmax = 1, annot = True)     # 绘制相关系数热力图
```

运行结果如图10-12所示。

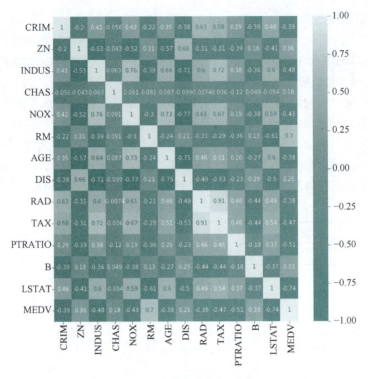

图10-12 相关系数热力图

```
#4.分割数据集
from sklearn.model_selection import train_test_split
x= df.drop("MEDV",axis=1)
y = df[["MEDV"]]
# 对数据集进行分割，训练集与测试集的比例为 8:2
x_train, x_test, y_train, y_test = train_test_split(
    x, y,
    test_size = 0.2,
    random_state = 12345)
#5.回归分析
# 导入sklearn中线性回归的程序包
from sklearn.linear_model import LinearRegression
# 创建模型的实例
lr = LinearRegression()
# 对训练集进行拟合
lr.fit(x_train, y_train)
# 查看得到的拟合模型回归系数，这里的回归系数由最小二乘估计得到
#6.效果评估
# 从sklearn中导入均方误差程序包
from sklearn.metrics import mean_squared_error
# 对测试集的 x 进行预测
y_test_predict = lr.predict(x_test)
print("测试集RSME: ", np.sqrt(mean_squared_error(y_test, y_test_predict)))
# 对训练集的 x 进行预测
y_train_predict = lr.predict(x_train)
print("训练集RSME: ", np.sqrt(mean_squared_error(y_train, y_train_predict)))
```

运行结果：

```
测试集 RSME： 4.9620465731443035
训练集 RSME： 4.6482044428988605
```

一般采用均方根误差指标 (root mean squared error, RMSE) 来衡量拟合的效果。从均方根误差的计算公式中可以看出，RMSE 越接近于 0，说明 y 的预测值与真实值之间的距离越小，表示模型拟合的效果越好。

$$\text{RMSE} = \sqrt{\frac{1}{m}\sum_{i=1}^{m}\left(y_{\text{test}}^{(i)} - \hat{y}_{\text{test}}^{(i)}\right)^2} = \sqrt{\text{MSE}_{\text{test}}}$$

可以看出对训练集的均方误差明显优于测试集的结果，这是因为模型"不知道"测试集的具体信息，只能通过训练集作为"经验"应用到测试集中。

如果采用上述矩阵计算、求解方程的方法来分析，时间复杂度较高。在大数据分析情况下，可以使用梯度下降的方法来优化，会比直接对方程求解快很多。

无论是一元线性回归分析，还是多元线性回归分析，都可以通过 Python 编程实现预测。但在面对复杂大数据时，本节所用的方法还远远不够，借助梯度提升回归树、深度神经网络、支持向量机回归和高斯过程回归等模型，可以解决高维度、小样本、非线性等复杂回归问题，同样可以通过 Python 编程实现。

小　　结

人工智能是研究使计算机模拟人的某些思维过程和智能行为（如学习、推理、思维、规划等）的一门学科，是研究如何应用计算机的软硬件来模拟人类某些智能行为的基本理论、方法和技术。人工智能学科研究的主要内容包括：知识表示、自动推理、机器学习、自然语言处理、计算机视觉、智能机器人、自动程序设计等方面。人工智能在模式识别（如人脸识别、手写字识别、语音识别）、自然语言处理、计算机视觉、医疗卫生、智能交通、智能驾驶、智能机器人、智能无人机、金融、教育、安防、环保等领域具有广泛的应用。Python 中提供了功能强大的 Scikit-learn、TensorFlow、PyTorch、OpenCV 人工智能库函数。

自然语言处理就是用计算机来处理、理解以及运用人类语言（如中文、英文等），它属于计算机学科中人工智能研究的一个分支，是计算机科学与语言学的交叉学科，又称计算语言学。中文分词是中文自然语言处理的一项基础性工作，也是中文信息处理的一个重要问题。jieba 是中文分词第三方库，可实现精准模式、全模式、搜索引擎模式分词，返回结果是列表类型。wordcloud 是词云展示第三方库，以词语为基本单位，通过图形可视化的方式，更加直观和艺术地展示文本。

Python 语言提供了爬取网页的第三方函数库 requests，requests 库提供了 7 个主要方法，以实现与 HTML 网页进行交互，利用其 get() 方法爬取网页。网页的源代码采用的是 HTML 格式，HTML 格式网页由标签树组成，可以通过 BeautifulSoup 库及 re 库（正则表达式）进行解析，从而获取感兴趣的信息。BeautifulSoup 库是解析 HTML 或 XML 文档的工具，将复杂 HTML 文档转换成一个复杂的树形结构，每个节点都是一个标签对象，并可获取标签名称、属性及文本内容。正则表达式是用来描述某一规则（模式）的字符串，在进行字符串处理或搜索网页源代码时，常常需要利用正则表达式进行匹配，以提取需要的文本。

分类是机器学习中的一个基本问题,被广泛应用于人工智能的各个领域。如图像识别、语音识别、欺诈检测、异常行为检测、医疗诊断、光学字符识别等。常见的分类方法包括K近邻、决策树、朴素贝叶斯和支持向量机。选用手写数字识别和Iris鸢尾花识别为案例,给出了利用sklearn库neighbors模块实现分类的详细步骤,包括分类中如何划分训练集和测试集、如何定义不同的分类模型并根据训练集进行拟合、如何在测试集上分类和评价。

聚类用途也很广泛,如在商业领域中发现不同的客户群,刻画不同客户群的特征。在生物学领域通过聚类推导出植物和动物的类别,对基因进行分类,获得对种群中固有结构的认识等。K-Means方法是最常见的聚类算法,该方法是基于划分的方法之一。K-Means聚类尝试让簇内相似度提高,簇间相似度降低,从而实现将N个样本划分为K个聚类簇的聚类过程。案例选用了Python自带的鸢尾花数据集(Iris),导入sklearn库Kmeans模块,选取花萼长度(Sepal Length)和花萼宽度(Sepal Width)两维特征数据进行聚类并可视化。

回归分析指的是确定两种或两种以上变量间相互依赖定量关系的一种统计分析方法。按照自变量和因变量之间的关系类型,可分为线性回归分析和非线性回归分析。案例选用了一元线性回归模型分析学习时间和考试成绩之间的关系,以及选用多元线性回归模型来预测波士顿房价。

习　题

1. 在网上查找一本经典中文书籍,利用jieba库编写程序,统计该书中前10位出场最多的人物。

2. requests库get()函数返回的Response对象,其text属性与content属性有何区别?

3. 分析百度图片搜索返回结果的HTML代码,编写爬虫抓取图片并下载到本地,形成专题图片库。

4. 在sklearn库中使用load_breast_cancer()函数导入乳腺癌数据集,确定类别标签数量,划分训练集和测试集,使用K近邻、高斯贝叶斯分类算法对乳腺癌数据集进行分类,调整训练集和测试集的大小,观察分类结果的变化情况。

5. 在预测波士顿房价的例子中,将训练集与测试集的比例从8:2调整到9:1,观察模型的均方误差变化情况(提示:将代码中的test_size = 0.2改成test_size = 0.1)。

Python 程序设计综合测试
（试卷 1）

一、选择题（每小题 2 分，共 10 小题，共 20 分）

1. 以下关键字不用于异常处理逻辑的是（　　）。
   A. finally　　　　B. try　　　　C. if　　　　D. else

2. 如果 Python 程序执行时产生了 SyntaxError 错误，其原因是（　　）。
   A. 代码中的输出格式错误　　　　B. 代码使用了错误的关键字
   C. 代码中的变量名未定义　　　　D. 代码中出现了无法解释执行的符号

3. 下列变量名中，不符合 Python 语言变量命名规则的是（　　）。
   A. _33keyword　　　　　　　　B. 33_keyword
   C. keyword_33　　　　　　　　D. keyword33_

4. 关于函数定义，以下形式错误的是（　　）。
   A. def foo(a,b=10)　　　　　　B. def foo(a,*b)
   C. def foo(*a,b)　　　　　　　D. def foo(a,b)

5. 下关于 Python 循环结构的描述中错误的是（　　）。
   A. 遍历循环中的遍历结构可以是字符串、文件、组合数据类型和 range() 函数等
   B. break 用来结束当前当次语句，但不跳出当前的循环体
   C. continue 只结束本次循环
   D. Python 通过 for、while 等保留字构建循环结构

6. 以下关于函数返回值的描述中正确的是（　　）。
   A. 函数只能通过 print 语句和 return 语句给出运行结果
   B. Python 函数的返回值使用很灵活，可以没有返回值，可以有一个或多个返回值
   C. 函数定义中最多含有一个 return 语句
   D. 在函数定义中使用 return 语句时，至少给一个返回值

7. 下列关于字典的描述错误的是（　　）。
   A. 字典是键值对的结合，键值对之间没有顺序
   B. 字典的元素以键为索引进行访问
   C. 字典长度是可变的
   D. 字典的一个键可以对应多个值

8. 以下关于 Python 字典变量的定义中，错误的是（　　）。
   A. d = {1:[1,2], 3:[3,4]}　　　　B. d = {[1,2]:1, [3,4]:3}
   C. d = {'张三':1, '李四':2}　　　D. d = {(1,2):1, (3,4):3}

9. 以下程序的输出结果是（　　）。

```
ls=['绿茶','乌龙茶','红茶','白茶','黑茶']
x='乌龙茶'
print(ls.index(x,0))
```

  A. 1　　　　　　B. –4　　　　　　C. –3　　　　　　D. 0

10. 以下不属于 Python 数据分析领域第三方库的是（　　）。

  A. pandas　　　　B. scrapy　　　　C. matplotlib　　　D. numpy

二、填空题（每小空 2 分，10 空，共 20 分）

11. 以下程序的输出结果是_____。

```
ls1=[1,2,3,4,5]
ls2=ls1
ls2.reverse()
print(ls1)
```

12. 以下代码的输出结果是_____。

```
for i in range(1,6):
    if i%4 == 0:
        break
    else:
        print(i,end =",")
```

13. 以下代码的输出结果是_____。

```
ls = []
for m in 'AB':
    for n in 'CD':
        ls.append(m+n)
print(ls)
```

14. 以下代码的输出结果是_____。

```
sum=0
for i in range(100):
If (i%10):
    continue
sum+=1
print("sum={}".format(sum))
```

15. 已知列表 lst = [1.0, 3.0, 5.0]，则表达式 sum(lst)/len(lst) 的值是_____。

16. 以下程序执行结果的第二行是_____。

```
for i in range(2, 15, 3):
if i%2: print(i)
```

17. 以下程序执行结果的第一行是_____，第三行是_____。

```
x=['apple','peach','banana','pear']
x.sort()
for y in x:
    print(y)
```

18. 请写代码替换横线，不得修改其他代码，实现以下功能：

某商店出售某品牌运动鞋，每双定价160，1双不打折，2双（含）到4双（含）打9折，5双到9双打八折，10双以上打七折，键盘输入购买数量，屏幕输出总额（保留整数）。示例如下：

输入 1

输出 总额为:160

```
n= eval(input("请输入数量："))
if n>0 and n<=1:
    cost=n*160
elif n<=4:
    cost=n*160*0.9
_____
    cost=n*160*0.8
else:
    cost=n*160*0.7
cost=_____(cost)
print("总额为：",cost)
```

三、完善程序题（每小题10分，共2小题，共20分）

19.【程序功能】

输入一个正整数 n，输出 2 ~ n 之间的所有完数。所谓完数是指一个数等于它的因子之和，例如 6 = 1 + 2 + 3。

【待完善的源程序】

```
num = int(input())
for i in range(1,num+1):
    s=0
    for j in range(1, _____):
        if i % j == 0:
            _____
    if s == i:
        print(I, "是完数")
```

20.【程序功能】

计算 $s=1/1!+1/2!+1/3!+\cdots+1/10!$。

【待完善的源程序】

```
def f(n):
    if n==1:
        return _____
    else:
        return n*f(n-1)

s=0
for i in range(1,11):
    s=s+_____

print(s)
```

四、程序改错题（每小题 10 分，共 1 小题，共 10 分）

21.【要求】

可以修改语句中的一部分内容，调整语句次序，增加少量的变量赋值或模块导入命令，但不能增加其他语句，也不能删去整个语句块。

【程序功能】

输入 5 个及以上的数（不足 5 个或输入错误，重新输入，直到准确为止），调用排序自定义函数。最后按从小到大输出。

【测试数据与运行结果】

输入至少 5 个数字：2,5,4,1,8,3,6
[1, 2, 3, 4, 5, 6, 8]

或

输入至少 5 个数：2,a,5,6,7,9
输入错误!

或

输入至少 5 个数字：2,5,1
输入至少 5 个数字：2,5,4,1,8
[1, 2, 4, 5, 8]

【包含错误的程序】

```
def mysort(nums):
    n = len(nums)
    for i in range(n-1):
        for j in range(i+1, n-1):
            if nums[i]>nums[j]:
                nums[i], nums[j] = nums[i], nums[j]


return nums

if __name__ == "__main__":
    while True:
        try:
            a= list(eval(input(" 输入至少 5 个数：")))
            if len(a)<5:
                continue
            else:
                break
        except:
            print(" 输入错误! ")

    print(mysort(a))
```

五、编程题（每小题 15 分，共 2 小题，共 30 分）

22.【程序功能】

读取成绩文件 score.txt，分别计算每位同学的成绩总分，并输出各科成绩及总分到显示终端上（score.txt 文件已存放在 T 盘上，其包含若干条记录，每条记录包括姓名、数学、语文、英语 3 门成绩）。

【运行结果】

```
陈纯,88,87,85,260
方小磊,93,88,90,271
王妤,82,99,96,277
彭子晖,97,94,84,275
丁海斌,97,94,76,267
```

23.【程序功能】

编写程序随机生成 n（n ≥ 30 且 n ≤ 60）个两位正整数，并按每10个一行输出。具体要求如下：

1. 编写函数 GL(lst,n)，生成 n 个两位正整数的列表 lst。

2. 在 __main__ 模块中输入一个 n（按题目要求判断 n 的范围），调用 GL() 函数，并打印输出。

按照测试数据和运行结果的格式输入和输出。

【测试数据与运行结果】

```
input n: 20
input n: 35
82 94 21 47 80 43 17 15 85 95
22 32 45 29 10 94 40 66 58 25
55 89 56 76 52 36 35 66 18 63
18 23 16 66 82.
```

Python 程序设计综合测试
（试卷 2）

一、选择题（每小题 2 分，共 10 小题，共 20 分）

1. 下列说法正确的是（　　）。
   A. Python 程序是依靠代码块的缩进来体现代码间的逻辑关系的，但同一级代码块中各行的缩进量可以根据代码书写风格不同做出调整，不必保持完全相同
   B. 目前，Python 存在两个版本：Python 2.x 和 Python 3.x，其中 Python 3.x 完全兼容用 Python 2.x 书写的代码，而 Python 2.x 不兼容用 Python 3.x 书写的代码
   C. Python 对字母的大小写是否敏感取决于操作系统，在 Linux 系统下 Python 对字母的大小写敏感，但在 Windows 系统下 Python 对字母的大小写并不敏感
   D. 内置函数是 Python 的内置对象类型之一，无须额外导入任何模块即可直接使用

2. 下列选项中，不合法的 Python 变量名是（　　）。
   A. 小李　　　　B. T-C　　　　C. PC_hello　　　　D. _int

3. 下列序列中，不能使用元素索引号对其中元素进行索引的是（　　）。
   A. (0, 1, 2, 3, 4)　　　　B. {0, 1, 2, 3, 4}
   C. range(5)　　　　D. [0, 1, 2, 3, 4]

4. 表达式 sum(range(5)) 的值为（　　）。
   A. 9　　　　B. 10　　　　C. 11　　　　D. 12

5. 执行下列语句后，list2 的值为（　　）。

   ```
   list1=["a","b","c"]
   list2=list1
   list1.append("de")
   ```

   A. ["A","b","c"]　　　　B. ["d","e","a","b","c"]
   C. ["a","b","c","d","e"]　　　　D. ["a","b","c","de"]

6. 下列合法的字符串是（　　）。
   A. 'percent %.2f' % 99.967　　　　B. 'I'm Tommy'
   C. 'D:\works\'　　　　D. 'Hello\nworld'

7. 现有列表 a=[1, 2, 3] 和列表 b=[4, 5]，执行操作 a.append(b) 后，a 的结果为（　　）。
   A. [1, 2, 3, [4, 5]]　　　　B. [1, 2, 3, 4, 5]
   C. [1, 2, 3]　　　　D. [4, 5]

8. 现有一字符串 s = 'Python'，以下针对 s 的方法中，返回值为 –1 的是（　　）。
   A. s.find('p')　　　　B. s.index('p')
   C. s.find('n')　　　　D. s.index('n')

9. 现有两个集合 x={3}，y={5}，则运算 x < y 的结果为（   ）。
   A. True　　　　　　B. False　　　　　　C. None　　　　　　D. 报错
10. 执行以下代码后，k 的值为（   ）。

```
k = 0
if(3): k=5
```

   A. 0　　　　　　　B. 3　　　　　　　C. 5　　　　　　　D. 报错

二、填空题（每小空 2 分，10 空，共 20 分）

11. 表达式 1−2*3.14>0 运行后的结果为_____。
12. 对于以下代码，若输入 23，打印结果为_____；若输入 hello，打印结果为_____。

```
num_inp = input('请输入数据')
print(type(num_inp))
```

13. 执行完下列语句后，输出结果是_____。

```
s="good morning"
print(s[3:6])
```

14. 将文件路径 D:\note\test.txt 以字符串的形式赋值给变量 path=_____。
15. 对 list1[0, 1, 2, 3, 4, 5, 6] 分别进行索引操作 list1[0] 和切片操作 list1[0:1]，得到的结果分别为_____和_____。
16. 以下代码的输出结果是_____。

```
sum=0
for i in range(100):
    If (i%10):
        Continue
    sum+=1
print("sum={}".format(sum))
```

17. 执行以下代码，输出结果为_____。

```
count = 0
for n in range(10):
    if n % 2 == 0:
        continue
    count += 1
print(count)
```

18. 现有一个名为 test.txt 的文件，其内容如下图所示。

```
test.txt - 记事本
文件(F) 编辑(E) 格式(O) 查看(V) 帮助(H)
apple
banana
pear
```

利用如下代码对该文件进行操作后，dat 的值为_____。

```
f = open('test.txt', 'r')
f.seek(0)
dat = f.readline()
f.close()
```

三、完善程序题（每小题 10 分，共 2 小题，共 20 分）

19.【程序功能】

判断用户输入的字符串是否为回文串，回文串是指字符串颠倒后与原串相等。例如，用户输入 abcba，则输出结果为：

abcba 是一个回文串！

【待完善的源程序】

```
def hws(x):
    for i in range(len(x)//2):
        if x[i] ____ x[-i - 1]:
            print (x," 不是一个回文串！")
            _____
        else:
            print (x," 是一个回文串！")

x= input(" 请输入一个字符串 :\n")
hws(x)
```

20.【程序功能】

统计在给定的区间中数字 3 出现的次数，并输出出现 3 的数字。例如，运行结果为：

```
在区间 [3,33] 中数字 3 出现了 8 次
出现在这些数字中：
3 13 23 30 31 32 33
```

【待完善的源程序】

```
count=0
m,n=____(input(" 请输入左边界 m 和有边界 n 以逗号分隔 :"))
a=[]
for i in range(m,n+1):
    k=i
    while k>0:
        if k%10==3:
            count=_____
            a.append(i)
        k//=10

print(" 在区间 [%d,%d] 中数字 3 出现了 %d 次 "%(m,n,count))
print(" 出现在这些数字中： ")
n=len(a)
for i in range(n):
    if a.count(a[i])==1:
        print(a[i],end=" ")
    else:
        a[i]=0
```

四、程序改错题（每小题 10 分，共 1 小题，共 10 分）

21.【要求】

可以修改语句中的一部分内容，调整语句次序，增加少量的变量赋值或模块导入命令，但不能增加其他语句，也不能删去整个语句块。

【程序功能】

随机生成一个元素为两位数的列表，列表升序排序后，用户输入一个数，然后把该数插入列表的合适位置，使得列表仍为升序。

例如，输出结果为：

```
原列表
67 72 81 95 51 19 46 49 92 19
排序后列表
19 19 46 49 51 67 72 81 92 95
Please input a number:50
插入数值后的列表
19 19 46 49 50 51 67 72 81 92 95
```

【包含错误的程序】

```
def bubblesort(arr):
    n = len(arr)
    for i in range(n-1):
        for j in range(0, n-1-i):
            if arr[j] > arr[j+1]
                arr[j], arr[j+1] = arr[j+1], arr[j]
def printarr(arr):
    for i in range(len(arr)-1):
        print(a[i],end=" ")
    print()

from random import *
a=[]
n=10
for i in range(n):
    a.append(randint(10,99))
print("原列表")
printarr(a)
bubblesort(a)
print("排序后列表")
printarr(a)

y=int(input("Please input a number:"))
mid=False
for j in range(n):
    if y<a[j]:
        mid=True
        continue
if mid:
    a.append(0)
    for k in range(n-1,j-1,-1):
```

```
            a[k+1]=a[k]
            a[j]=y
    else:
        a.append(y)
print("插入数值后的列表")
printarr(a)
```

五、编程题（每小题 15 分，共 2 小题，共 30 分）

22.【程序功能】

在给定的字符串中，包含多个相同的单词，统计出现两次以上的单词。

【编程要求】

尽量使用 Python 标准库中的函数实现本程序的功能。

【测试数据与运行结果】

```
测试数据：
str1="Python C++ Java VB Java Foxpro Python Java"

屏幕输出（顺序可不一致）：
Python 出现了 2 次
Java 出现了 3 次
```

23.【程序功能】

随机生成一个由 10 个元素组成的列表，并按照元素的奇偶分成两组。

【编程要求】

1. 编写函数 jou(a)，函数功能为把列表 a 分成两个列表，并把两个列表返回。

2. 在 __main__ 模块中，随机生成列表的初始值，并调用函数 jou()，之后把返回的两个列表输出。

【运行结果】

```
屏幕输出为：
列表为： [5, 4, 2, 8, 5, 6, 6, 6, 7, 6]
奇数部分为：[5, 5, 7]
偶数部分为：[4, 2, 8, 6, 6, 6, 6]
```

参 考 文 献

[1] 杨年华. Python 程序设计教程 [M]. 2 版. 北京：清华大学出版社，2019.

[2] 董付国. Python 程序设计 [M]. 3 版. 北京：清华大学出版社，2020.

[3] 董付国. Python 程序设计基础与应用 [M]. 北京：机械工业出版社，2018.

[4] 赫特兰. Python 基础教程（第 3 版）[M]. 袁国忠，译. 北京：人民邮电出版社，2018.

[5] 张莉，金莹，张洁. Python 程序设计 [M]. 北京：高等教育出版社，2019.

[6] 马特斯. Python 编程从入门到实践 [M]. 袁国忠，译. 北京：人民邮电出版社，2018.

[7] 卫斯理春. Python 核心编程（第 3 版）[M]. 孙波翔，李斌，李晗，译. 北京：人民邮电出版社，2016.

[8] 相薆薆，孙鸿飞. Python 基础教程 [M]. 北京：清华大学出版社，2019.

[9] 张莉. Python 程序设计教程 [M]. 北京：高等教育出版社，2018.

[10] 钟雪灵. Python 程序设计基础 [M]. 北京：电子工业出版社，2019.

[11] 张雪萍. Python 程序设计 [M]. 北京：电子工业出版社，2019.

[12] 江红，余青松. Python 程序设计与算法基础教程 [M]. 2 版. 北京：清华大学出版社，2017.

[13] 韩家炜，坎佰，裴健. 数据挖掘概念与技术 [M]. 范明，孟小峰，译. 北京：机械工业出版社，2012.